東日本大震災の津波から学び
粘り強い盛土で減災

常田賢一
秦　吉弥　共著

理工図書

序

　2011年3月11日14:46に東北地方の太平洋沖を震源とするマグニチュード9.0の巨大地震（東北地方太平洋沖地震，東日本大震災）が発生し，津波による死者・行方不明者が2万人を越える未曽有の被害になった。このような想定外とされる地震には，1995年1月17日の兵庫県南部地震があるが，同地震による死者は6千4百人余に上り，1923年の関東大震災を拠り所とした，それまでの耐震設計・地震防災の姿勢が覆され，強い地震動に対する性能規定型設計体系への転換の契機となった。それから16年後の2011年東北地方太平洋沖地震では，1983年日本海中部地震，2003年北海道南西沖地震の津波被害を経験していたにも関わらず，津波被害が繰り返された。そして，その甚大さから，将来の津波防災において，想定津波をレベル1津波とレベル2津波によって明確にするとともに，粘り強い防潮堤，多重防御・高台移転といった対策の姿勢を明示する契機になった。

　そのため，将来に向けた津波対策において，盛土を避難場所として活用する動きがあるが，筆者らの現地調査によれば，津波に対して盛土は粘り強く，防潮構造としての活用が考えられる。また，高台移転では居住地として盛土が位置づけられている。

　このように，盛土は津波防災において，避難地，津波防潮堤，居住地など，多様な活用ができる可能性があるが，盛土の耐津波性，多重防御性およびその活用に関して，十分に理解されていないのが実情である。

　このような背景および将来の南海トラフ巨大地震が危惧される状況において，本書は，東北地方太平洋沖地震後に実施した現地調査，室内実験および津波シ

ミュレーションなどに基づき，盛土の耐津波性，その向上策に関する有益な知見を提示するとともに，現在，津波防災で取り組まれている盛土の多様な活用事例を紹介する。また，広域的な多重防御のみならず，石油コンビナートにおける盛土による狭域多重防御の提案および検証など，盛土の耐津波性およびその活用に関して幅広い見地から取りまとめている。

　最後に，将来の津波防災において，従来の防潮堤と比較しても遜色が無く，さらに防潮堤に無い固有で優れた機能を有する盛土が，本書により正しく理解され，その多様な活用により，将来の津波減災に資することを望んでいる。

2016 年 3 月 11 日
東北地方太平洋沖地震から 5 年を迎えて

常田　賢一

目　次

序 ……………………………………………………………………………………… i

第1章　地震動と津波の特性から学ぶ　　　　　　　　　　　　1

1.1　地震と地震動の特性…………………………………………………… 2

　1.1.1　地震の特性 2

　1.1.2　震度の特性 3

　1.1.3　地震動の特性 5

　1.1.4　地殻変動とその影響 6

1.2　津波の特性…………………………………………………………… 7

　1.2.1　津波の表現 7

　1.2.2　津波発生と津波警報 9

　1.2.3　GPS 波浪計から分かる津波特性 11

　1.2.4　沖合から海岸までの津波到達時間 12

　1.2.5　津波の変化と津波防潮の効果 13

　1.2.6　押し波と引き波 14

　1.2.7　浸水高と遡上高 15

　1.2.8　津波の河川の遡上 16

　1.2.9　津波の一般的な特徴 17

第2章　津波被害から学ぶ　　　　　　　　　　　　　　　　21

2.1　被害の現地調査の留意点……………………………………………… 21

2.2　海岸護岸，防潮堤の被害と特徴……………………………………… 24

2.3　河川護岸の被害と特徴………………………………………………… 31

2.4　保安林・防潮林の被害と特徴………………………………………… 36

2.5 高盛土の被害と特徴……………………………………………… 42

2.6 水域の被害と特徴………………………………………………… 44

2.7 堤防・盛土の被害と特徴………………………………………… 49

2.8 道路盛土の被害と特徴…………………………………………… 57

2.9 植生被覆の被害と特徴…………………………………………… 61

2.10 自然砂丘の被害と特徴 ………………………………………… 64

2.11 砂浜の被害と特徴 ……………………………………………… 68

2.12 離岸堤・ヘッドランドの被害と特徴 ………………………… 75

2.13 消波ブロックの被害と特徴 …………………………………… 77

第3章　津波による現象から学ぶ　　　81

3.1 浸水深の距離減衰………………………………………………… 81

3.2 津波堆積砂層厚の距離減衰……………………………………… 83

　3.2.1 調査方法 ……………………………………………………… 83

　3.2.2 堆積砂層厚の海岸線からの距離減衰特性 ………………… 85

　3.2.3 津波堆積土の粒度特性 ……………………………………… 87

3.3 落堀の構造特性…………………………………………………… 88

　3.3.1 調査方法 ……………………………………………………… 89

　3.3.2 落堀の構造諸元と定式化 …………………………………… 90

　3.3.3 横断面の構造特性 …………………………………………… 91

　3.3.4 落堀の津波抑制性 …………………………………………… 92

3.4 今後の課題………………………………………………………… 93

第4章　津波防災の姿勢を明確にする　　　97

4.1 中央防災会議の戦略……………………………………………… 97

4.2 粘り強さとは………………………………………………………100

4.3 津波防潮の評価の視点……………………………………………101

4.4 性能評価の視点……………………………………………………102

目　次　　　　　v

4.5　多重防御	………………………………………	106
4.5.1　広域多重防御		107
4.5.2　狭域多重防御		107
4.6　盛土の位置づけ	………………………………	108

第5章　盛土による防潮を位置づける　　113

5.1　津波が関わる工学	……………………………	113
5.2　盛土による防潮の関連研究	…………………	114
5.2.1　研究機関の取組み		114
5.2.2　調査研究委員会の取組み		120
5.3　防潮堤と盛土の差異	…………………………	123
5.4　洪水時の堤防との差異	………………………	125
5.4.1　洪水による越流の特徴		125
5.4.2　越流を考慮した洗堰・調整池		126
5.4.3　洪水による落堀		130
5.5　落堀の減勢機能	………………………………	134

第6章　盛土の越流侵食を知る　　139

6.1　越流・侵食のメカニズム	……………………	139
6.2　水路越流実験で侵食を再現	…………………	141
6.2.1　実験方法		141
6.2.2　越流，浸透，侵食の再現性		143
6.3　浸透が侵食に先行する実験	…………………	144
6.4　模型実験による津波の再現	…………………	146

第7章　盛土の難浸透性を知る　　151

7.1　水路越流実験による難浸透性の可能性	……	151
7.2　浸透実験による難浸透性の検証	……………	154

vi 目 次

7.2.1 浸透深度と浸透時間	155
7.2.2 浸透領域の飽和度	156
7.2.3 間隙空気圧の発生	157

7.3 浸透の機構‥‥‥‥‥‥‥‥‥‥‥‥‥‥‥‥‥‥‥‥‥‥‥‥‥‥157

7.4 難浸透性による安定性の評価‥‥‥‥‥‥‥‥‥‥‥‥‥‥‥‥‥‥158

7.4.1 浸透深，越流水深，飽和度の関係	158
7.4.2 実堤防の浸透深度の推定例	159

第8章　盛土の粘り強さを向上する　　　　　　　　　161

8.1 実被害による示唆‥‥‥‥‥‥‥‥‥‥‥‥‥‥‥‥‥‥‥‥‥‥161

8.2 盛土形状と構造補強：水路越流実験‥‥‥‥‥‥‥‥‥‥‥‥‥‥163

8.3 天端補強と天端下部補強：長時間越流実験‥‥‥‥‥‥‥‥‥‥‥170

8.4 天端下部補強の多様化：改良土の活用‥‥‥‥‥‥‥‥‥‥‥‥‥172

8.4.1 盛土材としてのアップサイクルブロック	172
8.4.2 越流実験による検証	173
8.4.3 課題と適用性	176

8.5 粘り強さの向上策‥‥‥‥‥‥‥‥‥‥‥‥‥‥‥‥‥‥‥‥‥‥177

第9章　津波前の地震動に注意する　　　　　　　　　183

9.1 耐震性の必要性‥‥‥‥‥‥‥‥‥‥‥‥‥‥‥‥‥‥‥‥‥‥‥183

9.1.1 地震動により液状化が発生し，津波が来襲した事例	183
9.1.2 噴砂痕に津波堆積土が堆積した事例	184
9.1.3 津波の浸水でも残留した噴砂痕の事例	186

9.2 地震動被害と耐津波性‥‥‥‥‥‥‥‥‥‥‥‥‥‥‥‥‥‥‥‥187

9.2.1 新北上川堤防の被災・無被災実績	187
9.2.2 ハイブリッド解析	188
9.2.3 河川堤防の耐震性と耐津波性の複合関係	190

9.3 避難時間の予測‥‥‥‥‥‥‥‥‥‥‥‥‥‥‥‥‥‥‥‥‥‥‥191

9.3.1	南海トラフ巨大地震による津波避難	191
9.3.2	強震動作用中の避難困難時間の評価	191
9.3.3	地域特性を考慮した津波避難困難区域の抽出	192

第10章　盛土による多重防御を考える　195

10.1　広域多重防御　195

10.1.1	広域多重防御の意義	196
10.1.2	広域多重防御における盛土の活用	198
10.1.3	盛土による広域多重防御の事例	199
10.1.4	広域多重防御の効果の検証	202

10.2　狭域多重防御　204

10.2.1	石油コンビナートなどの状況	205
10.2.2	狭域多重防御の概念	206
10.2.3	狭域多重防御の効果の試算	208

第11章　津波に対する盛土の活用の取組みを知る　211

11.1	盛土の機能・構造の分類	211
11.2	既往の事例と新たな取組みの事例	212
11.3	盛土の利活用のための技術的な留意点	244

第12章　盛土および津波防災の今後を展望する　247

12.1　将来の地震，津波に対する盛土の在り方　247

12.1.1	盛土の多様性	247
12.1.2	技術的な姿勢	248

12.2　過去に学び，将来に備える　250

12.2.1	類似点と異なる点の認識	250
12.2.2	類似点と異なる点を踏まえた対応	252
12.2.3	基本的な姿勢と認識	254

あとがき …………………………………………………………… 257

関係者・協力者 ……………………………………………………… 259

索　引 ………………………………………………………………… 261

第1章 地震動と津波の特性から学ぶ

2011年3月11日14:46に，東北地方の太平洋沖を震源とするマグニチュード（M）9.0の本震（以下，3.11地震と呼ぶ）が発生した。この地震は，気象庁により東北地方太平洋沖地震（2011 Off the Pacific Coast of Tohoku Earthquake）と命名されたが，東日本大震災（Great East Japan Earthquake）とも呼ばれている。この3.11地震は，発生直後に想定外と呼ばれたように，きわめて巨大であったため，広域に渡る震源域の発生の他，この地震による地震動および津波に関するさまざまな現象は，おおよそ地震で想定される事象をほぼ網羅していると言ってよい。

ここで，通常，地震による被害は，地盤の揺れ，つまり地震動による被害，地表地震断層による被害，津波による被害などがあるが，地震動に関しては，比較的既往の経験も多く，目新しい事項も少ないので，本書は人命，財産などに未曽有の被害をもたらした津波に着目する。なお，地表地震断層に関しては，参考文献1) を参照されたい。

そのため，本章では，3.11地震に関して，1.1節では津波被害に関わる地震，地震動の特徴，1.2節では津波の特徴を概観し，第2章では現地調査から得られた津波被害に関する特記事項を示す。これらの特記事項は2.2節から2.13節の12分類の構造物に関して50項目を超えるが，いずれも工学的に有益な知見であり，項目ごとに要点を枠書きで明記し，その根拠を事例などに基づいて示す。そして，第3章の3.1節～3.3節では津波の現象による知見，3.4節では現地調査および復興・復旧に際して得られた，今後の解決すべき課題を提示する。

なお，本書は津波防災を主旨とするが，地震防災，地盤工学を専門分野とす

る著者としては，津波の浸水による防潮堤，盛土の侵食など地盤工学の視点に留めず，津波の最前線となる防波堤，防潮堤に関わる海岸工学の範囲を含めた広い視点から洞察する。言いかえれば，従来，海岸工学，地盤工学といったように専門分野は縦割りになっているが，津波に関しては，異なる専門分野が横断的に連携する必要性があるためである。このような異分野の連携により，新しい研究，技術開発への展開が期待できるとともに，効果的な津波対策の創出も期待できる。

さらに，本書は，3.11地震の津波（以下，3.11津波と呼ぶ）から得られた多様な知見から，地盤工学に深く関わる土構造物である盛土の"粘り強さ"に着目し，盛土の耐津波性を検証し，その活用による津波減災へと展開を図る。

1.1 地震と地震動の特性

1.1.1 地震の特性

3.11地震の本震の発生位置は三陸海岸沖であり，牡鹿半島の東南東約130km，震源深さは約24kmである。地震の発生の当初，本震はM7.9とされていたが，同日16時にはM8.4，同17時30分にはM8.8と改められ，3月13日にM9.0に修正されている。ここで，地震のエネルギー規模は，Mが1.0大きいと32倍になるので，3.11地震と1995年阪神淡路大震災のM7.3および1923年関東大震災のM7.9と比較すると，それぞれ384倍および48倍になる。つまり，3.11地震は関東大震災の48個分のエネルギー規模である。本震の発生源である地震断層は，長さが三陸海岸沖から銚子沖に至る約450km，幅が約150kmであり，最大すべり量は約30m，断層の破壊の継続時間は約170秒間である[2]。

また，本震の発生前の3月9日にM7.3，3月10日にM6.8の比較的大きな前震が発生しているが，これらの地震の発生時は本震や余震にも成り得るので，これらが前震と分かるのは3.11地震の本震の発生後である。また，20世紀以降，世界で発生したM9.0以上の地震は，1952年カムチャッカ地震（M9.0），

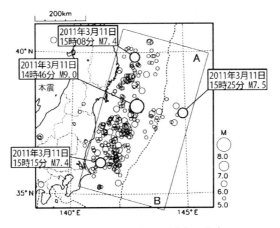

図 1.1　3/11〜3/18 の震央の分布

1957 年アンドレアノフ地震（同 9.1），1960 年チリ地震（同 9.5），1964 年アラスカ地震（同 9.2）および 2004 年スマトラ島沖地震（同 9.0）の 5 地震[2]であり，3.11 地震はわが国のみならず，世界的にも稀に発生する巨大地震である。

図 1.1 は本震発生後 1 週間における，M5.0 以上，震源深さ 90km 以浅の震央の分布である[3]。本震後の余震も多数発生しており，本震発生 22 分後の 15:08 に岩手県沖で M7.4，29 分後の 15:15 に茨城県沖で M7.4，39 分後の 15:25 に宮城県東方沖で M7.5 の 3 つの比較的マグニチュードが大きい余震が，本震発生後 40 分以内で発生している。例えば，1978 年宮城県沖地震は M7.3 であることからも，上記の余震は通常，本震相当の規模と言えるが，短時間に連続する場合は，本震による被害の拡大，本震により弱体化した部位での被害の発生，液状化による過剰間隙水圧の継続的上昇などに注意が必要である。

1.1.2　震度の特性

図 1.2 は本震による震度分布[2]であるが，宮城県の"築館"の 1 箇所が震度 7 であり，震度 6 強あるいは震度 6 弱は岩手県南部，宮城県全域，福島県東部，茨城県全域および栃木県の一部の広範囲にわたっており，本震の規模および影

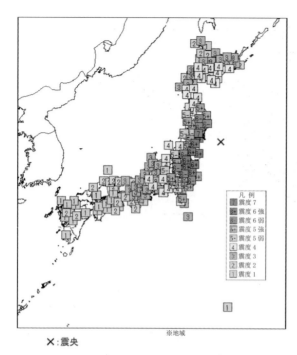

表 1.1 計測震度と気象庁震度階級の関係

計測震度	震度階級
0〜0.4	震度 0
0.5〜1.4	震度 1
1.5〜2.4	震度 2
2.5〜3.4	震度 3
3.5〜4.4	震度 4
4.5〜4.9	震度 5 弱
5.0〜5.4	震度 5 強
5.5〜5.9	震度 6 弱
6.0〜6.4	震度 7 強
6.5〜	震度 7

図 1.2 本震による震度分布：凡例拡大表記

響範囲の広さが分かる．なお，現在，震度は気象庁から地震直後に速報として公表されているが，これは 1996 年 4 月から全国に設置された計測震度計により自動的に観測され，リアルタイムで集収できるようになったことによる．それまでは，各地の測候所の職員が周囲の被害状況から震度を決めていたので，観測点が少なく，きめ細かく把握できない，自動化されていないので公表が遅れる，経験的な判断によるために客観性に欠けるといった制約があった．

現在，公表される震度，つまり震度階級は表 1.1 の 0，1，2，3，4，5 弱，5 強，6 弱，6 強，7 の 10 区分である．同表から分かるように，震度階級に対応する計測震度には幅があり，同一震度階級でも被害などに差異が見られる原因である．なお，わが国で震度 7 が発生したのは，1948 年福井地震，1995 年兵庫

県南部地震，2004年新潟県中越地震とされ，3.11地震を含めて4地震である。

1.1.3 地震動の特性

防災科学技術研究所は強震観測網のK-NETにより地表で，KiK-netにより地中で強震動を観測している。図1.3は本震で記録された主要な44地点の合成加速度（水平2方向および鉛直方向の加速度三成分の合成値）の震央からの距離減衰である[4]。同図によると，最大加速度は宮城県の"築館"の2,933gal（ガル）であり，観測地点の地形や地盤条件により加速度は変化するので断定はできないが，関東地方の"鉾田"（茨城県），"芳賀"（栃木県），"岩瀬"（茨城県）は震央距離が300kmほどであるが，1,200～1,800galの大きな値を示す。また，埋立地などで液状化が顕在化した東京湾岸の"千葉"，"浦安"は震央距離が370kmほどであり，最大加速度は180gal程度である。このように大きな加速度が広範囲に伝播しているが，地震断層の規模や観測点の地盤状況（軟弱地盤など）に起因する。

また，構造物の被害に関係があるとされる速度について，最大速度が43.6～85.1cm/sの地域は，茨城県南部，福島県東部，宮城県に渡っているが，速度が

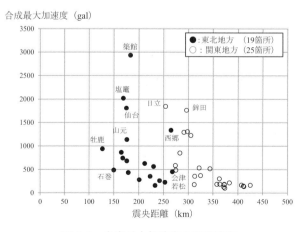

図1.3　合成最大加速度の距離減衰

85.1cm/s 以上の地域はかなり限定的である。また，SI 値（スペクトル強度）について，50〜100 kine（カイン：cm/s）程度の地域は，速度と同様の茨城県南部，福島県東部，宮城県に渡るが，SI 値が 100 kine 以上の地域は見られない。

なお，SI 値が 70.5kine より大きい震度 6 強以上について，SI 値の分布は震度分布とおおむね対応する。さらに，地震動の継続時間や周期特性が特筆されるが，震源に近い"築館"では，比較的大きい地震動は 100 秒程度の継続であるのに対して，東京都の"新宿"では 300 秒程度と長く，波形も長周期成分が多い。これは，"新宿"が震源から離れていること，平野部の軟弱地盤上にあることによる。このように加速度が小さくても，長周期で揺れる場合は，変位が大きくなるので，高層ビルなどの長周期構造物での変位による被害に注意が必要である。

1.1.4 地殻変動とその影響

震源の断層のずれに伴なって，図 1.4 のように地殻変動が発生するが，3.11 地震でも大きな地殻変動が見られている[2]。東北地方の太平洋側では，島根県の浜田市三隅を固定点として，東南東方向に数 m の水平変動が発生し，宮城県の南三陸町"志津川"で 4.4m，石巻市"牡鹿"では最大となる 5.3 m の水平変位が観測されている。一方，上下変動は数 10cm を超える沈下を生じ，"志津川"で 75cm，"牡鹿"で最大の 120cm の沈下が観測されている。

写真 1.1 は，宮城県亘理町付近の衛星写真（Google earth による）であり，3 月 14 日および 3 月 24 日の浸水状況の比較である。写真中央の縦の破線が仙

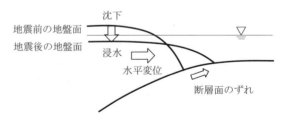

図 1.4　断層面のずれによる地盤の沈下・水平変位の発生の概念

1.2 津波の特性　　　7

(a) 3月14日　　　　　　　　　　(b) 3月24日

写真 1.1　津波後の浸水状況の変化：Google earth 20110406 に加筆

台東部道路に続く，盛土構造の常磐自動車道であるが，その西側の耕作地内の区画道路が 3 月 14 日は水没しており，津波 3 日後でも滞水状態にある．なお，14 日以降から同 23 日までの状況は不明であるが，24 日の時点では滞水がなく，地表面の色相から浸水の痕跡が見られる．このように，主として押し波が来襲した仙台平野では，津波襲来後 2～3 日は滞水状態が続いている．これらの地盤の沈下は，いずれ，断層面の沈み込みにより，逆方向に地殻変動が発生して隆起するが，遠い将来のことである．

以上のように，地震発生に伴う地盤の沈降により，内陸部に浸水した海水は引きにくくなり，また，堤防や土地自身が低くなることにより，次の津波への備えが弱体化するばかりでなく，洪水あるいは高潮による浸水あるいは地下水の上昇，耕作地の塩害など，多方面かつ長期間に渡って影響が継続する．

1.2　津波の特性

1.2.1　津波の表現

津波は，地震の発生による海底の隆起に伴う，海面の上昇・下降であり，それが伝播する．津波の特性あるいはその影響を定義する呼称には，次の用語がある[5]．これらは図 1.5 に示すが，各用語の意味は異なるので注意が必要であ

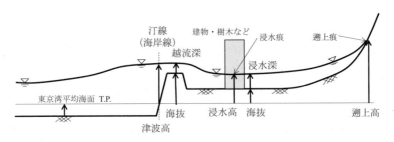

図 1.5 津波の高さに関わる用語

る。ちなみに，"高" が付くと，平均海面からの高さを意味する。

 津波高：汀線（海岸線）位置における平均海面（例えば，T.P.：東京湾平均
　　　　海面）からの津波の海面高さ
 浸水高：陸域における平均海面からの津波による浸水面までの高さ
 遡上高：平均海面から津波が遡上した最高到達点までの高さ
 越流深：防潮堤などの越流部の津波の水深
 浸水深：陸域の地盤面からの津波の水深
 海抜：平均海面からの対象の高さ（標高とも言う）

　現地調査では，写真 1.2 および写真 1.3 のように，建物や樹木に残った津波の痕跡（汚れ，漂流物残留，損傷など）を見つけ，それの地表面からの高さ，つまり浸水深を計測する。また，防潮堤での津波の越流深は付近の浸水深と防潮堤の高さから推定する，あるいは津波高と防潮堤の天端の T.P. から算出する。

　一方，津波高，浸水高，遡上高は，平均海面を基準とするので，対象の平均海面高が必要になる。そのため，現地調査では，調査時刻における海面からの海岸線における津波の高さ，建物などの浸水痕の高さ，遡上痕の高さを計測する。そして，調査時刻における海面と平均海面との差を補正（潮位補正）し，それぞれ，津波高，浸水高，遡上高を算出する。もし，地盤面や防潮堤の天端の海抜が記されていると，浸水深から浸水高を算出できる。

1.2 津波の特性   9

写真 1.2 亘理漁港の建物   写真 1.3 岩沼海浜緑地の野球場

1.2.2 津波発生と津波警報

　気象庁は，地震発生から 3 分後の 14 時 49 分に，岩手県，宮城県，福島県に津波警報（大津波）を発令した。そして，15 時 14 分には青森県太平洋沿岸，茨城県，千葉県九十九里・外房，15 時 30 分には北海道太平洋沿岸と伊豆諸島，16 時 08 分には青森県日本海沿岸，千葉県内房，小笠原諸島，相模湾・三浦半島，静岡県，和歌山県に，次々と津波警報（大津波）が発令されている。

　図 1.6 は，本震発生から約 30 分経過後の 15 時 14 分発表の津波警報・津波注意報の発令箇所である。図中の津波の区分は，以下の 3 区分であり，色別に表記されているが，本書では白黒なので，各区分を図中に加筆してある。

大津波（赤）：高いところで 3m 程度以上
津波（橙）：高いところで 2m 程度
津波注意（黄）：高いところで 0.5m 程度

　しかし，3.11 地震での津波は，地震発生の 30 分後には三陸海岸に到達しており，津波高も 20m を超える規模であった。そのため，3.11 地震の 6 ヶ月後の 9 月 28 日の中央防災会議の「東北地方太平洋沖地震を教訓とした地震・津波対

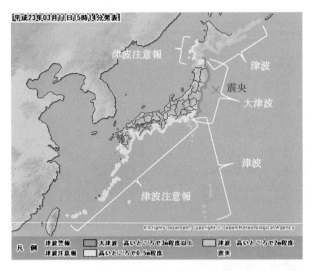

図 1.6　15:14 発表の津波警報・津波注意報：原図に加筆

策に関する専門調査会報告」[6] では，"地震発生直後に気象庁から出された地震規模，津波高の予想が実際の地震規模と津波高を大きく下回るもので，その後時間をおいて何段階か地震規模，津波警報が上方修正されることとなった．特に，最初の津波高の予想が与える影響はきわめて大きいと考えられ，当初の津波警報によって住民や消防団員等の避難行動が鈍り，被害を拡大させた可能性もある"として，"巨大な地震に備えた警報システムの改良や沖合での津波観測データを津波警報に活かす方策などにより，再発防止策について検討を行い，早急に改善を図る必要がある"とした．

そのため，気象庁は津波警報・注意報の発表方法や表現を変更し，2013 年 3 月 7 日から新しい津波警報の運用を開始している[7]．新しい津波警報では，M8.0 を超えるような巨大地震による津波に対しても適切な警報を発表し，簡潔な表現で避難を促すことにしている．まず，巨大地震が発生した場合，最初の津波警報（第一報）では，予想される津波の高さを「巨大」，「高い」と発表して非常事態を伝え，地震発生後 15 分ほどで精度よい地震規模が把握できた段階では，

表 1.2 あたらしい津波警報・注意報 [7]

分類	予想される津波の高さ	
	高さの区分	発表する値
大津波警報	10m〜	10m 超
	5m〜10m	10m
	3m〜5m	5m
津波警報	1m〜3m	3m
津波注意報	0.2m〜1m	1m

表 1.2 の 5 段階の数値での発表に切り替える。ここで，地震の発生直後から精度よく地震規模が求まった場合は，初めから 5 段階の数値で発表する。例えば，3〜5m の津波が予想された場合，「大津波警報」を発表し，「予想される津波の高さは 5m」となる。

1.2.3 GPS 波浪計から分かる津波特性

津波の襲来を海上で検知するために，国土交通省により GPS 波浪計が設置されている [8]。GPS 波浪計は，衛星を用いて沖合に浮かべたブイの上下変動を計測し，波浪や潮汐等の海面変動を直接観測する海象観測機器である。3.11 津波の発生前の 2010 年 12 月現在では，東北から四国にかけた太平洋の海岸から 10〜20km 沖の水深 100〜300m の海面に係留されて，12 箇所が整備されていた。3.11 津波の際には，これらの波浪計による海面変動が記録され，津波の特性だけでなく，断層面の移動メカニズムの推定にも関わる貴重なデータが得られた。津波の発生が不確定な状況において，このような先導的な投資による観測事業が必要であることを示している。

図 1.7 は 3 月 11 日の 14:00〜22:00 の間の釜石市沖合の海面高（潮位偏差）の時刻歴 [8] である。津波の来襲は，海面高が増加している ① 〜⑦ の 7 波であり，本例の場合，第 1 波の波高が最大である。ここで，第 1 波を拡大すると，上昇が 11 分，下降が 14 分程度であり，観測位置において海面高が増加する継続時間は，おおむね 25 分程度である。なお，この海面高の増加過程は，次項の海岸線での浸水高，浸水の継続時間に関係する。また，図に記載されている "緩

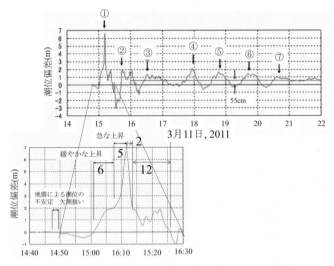

図 1.7 釜石沖の GPS 波浪計による潮位偏差の時刻歴[8]：加筆

やかな上昇"と"急な上昇"の 2 段階の海面変動が，断層面の移動メカニズムに関わるとされている。

1.2.4 沖合から海岸までの津波到達時間

港湾空港技術研究所[8]による沖合の GPS 波浪計と海岸の位置における最大波の到達時刻を比較すると表 1.3 になる．同表では，宮古沖，釜石沖，広田湾

表 1.3 GPS 波浪計位置と海岸線での津波到達時刻

GPS 波浪計の設置地点			対応させた海岸の地点			両地点の最大波の到達時刻の差
地点名	最大波到達時刻	最大波高	地点名	最大波到達時刻	最大波高	
宮古沖	15:12	6.3m	宮古	15:26	8.5m	14 分
				15:21*	4.0m 以上 *	9 分
釜石沖	15:12	6.7m	釜石	15:21 振り切れ	4.1m 以上	9 分以上
広田湾沖	15:14	5.7m	大船渡	15:18 振り切れ（ピーク 15:20～15:22）	8.5m 以上	4 分以上（6～8 分）
金華山沖	15:16	5.8m	鮎川	15:20*	3.3m 以上 *	6 分

* 気象庁 3 月 14 日 19:00 現在による

沖および金華山沖の GPS 波浪計の位置に近い海岸を，それぞれ宮古，釜石，大船渡および鮎川とする。なお，宮古は 3 月 14 日 19:00 の気象庁発表データも併記している。同表から，GPS 波浪計の位置により差異があるが，GPS 波浪計の位置から海岸までの約 20km の津波の伝達時間は，おおむね 5 分〜15 分である。

1.2.5　津波の変化と津波防潮の効果

前述の沖合の津波高の時刻歴波形は，海岸線に近づくと，海底面が浅くなることにより，津波高が上昇し，伝播速度が減ずることにより，時間短縮が発生する。図 1.7 の場合，沖合の津波高さは 15 時 12 分に記録した第 1 波の 6.7m が最大であるが，津波痕跡による釜石港および釜石市両石の浸水高は，それぞれ 6.6〜9.1m および 16.2〜16.4m であり，沖合より増加していた[8]。

ここで，津波が沖から陸へと伝搬する場合，浅水変形により，$c = \sqrt{gh}$（g：重力加速度，h：水深）で定義される波速 c は徐々に小さくなり，$L = cT$（T：周期，一定）で表される波長 L は短くなる[5]。

仮に，沖合の津波高の時刻歴波形が変化しないで，そのまま海岸に到達するとして，海岸線位置での防潮堤の有無による津波防潮の意義を考えてみよう。その概念を図 1.8 に示すが，図 1.7 に基づいて，最大津波高を 6m とし，上昇時間は津波高 2m まで 6 分，さらに同 6m まで 5 分とし，下降時間は同 2m まで 2 分，さらに同 0m まで 12 分とし，津波高増加の継続時間を 25 分とする。図の右側は沖合，左側は海岸線位置の津波高波形であり，上図および下図は，それぞれ防潮堤がない場合と高さ 2m の防潮堤がある場合である。防潮堤は津波より破堤せず，その存在により津波高が変化しないとすると，陸域への浸水高は防潮堤の高さ 2m 分が減ぜられる。また，陸域での浸水深の増加時間は，防潮堤の高さ 2m までの津波流入が阻止されるので，25 分から 7 分へと大きく減ずることになる。もし，海岸線で沖合の津波波形が変化する場合は，浸水高が増加し，増加時間の減少は抑制されるが，防潮堤が破堤しなければ，相応の防潮機能は発揮される。なお，防潮堤が損傷した場合は，損傷程度に応じて抑制

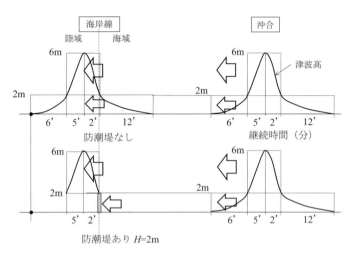

図 1.8　防潮堤による陸域の浸水深および浸水時間の減少効果の概念

効果は減ずることになる。

1.2.6　押し波と引き波

　陸域における津波には，海側から陸側に遡上する押し波（Leading Wave）と陸側から海側に戻る引き波（Drawback）があり，海岸地形により異なる。つまり，三陸海岸のように海岸平野が狭く，川伝いに勾配がある平地が細長く伸びている地形（リアス式海岸と呼ぶ）と，仙台平野のように海岸平野が広く，勾配の小さい平地が内陸まで広がる地形（平野海岸と呼ぶ）とでは，押し波の進み方，引き波の戻り方が異なる。

　図1.9に押し波と引き波の概念を示すが，平野海岸では，海面高の増加状態の限り，浸水は内陸の奥まで達するので，引き波の発生は明確でなく，その戻りも遅く，その影響も小さい。他方，リアス式海岸では，津波は遡上し，最高遡上点に達した後は，引き波に転ずるので，引き波の発生は明確であり，その戻りも早く，流速などの影響も大きい。

1.2 津波の特性　　　15

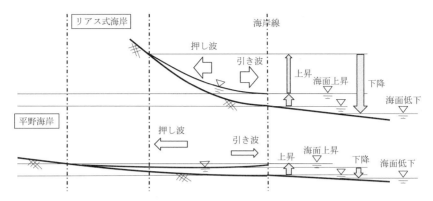

図 1.9　海岸地形による押し波と引き波の差異の概念

ここで，リアス式海岸において，押し波よりも引き波の流速が早い理由を考えてみよう．図 1.9 のように，押し波では海面が上昇し，遡上するが，重力に逆らう方向であるために減速してゆくが，引き波では海面が津波前のそれより低下するので，海陸の水位面の落差が大きくなり，重力方向に加速して流下する．そのため，引き波は高速かつ短時間で戻るために，特に注意が必要である．

1.2.7　浸水高と遡上高

3.11 地震による津波の浸水高（Inundation）と遡上高（Runup）について，東北地方太平洋沖地震津波合同調査グループによる大規模な調査が行われ，その結果は図 1.10（2012.12.29）[9,10] で報告されている．同図によれば，痕跡高が 10m を超える地域は青森県から茨城県に渡る約 425km に広がり，三陸沖では痕跡高が 20m を超える地域が南北に約 290km 以上に渡り，30m を超える非常に大きな痕跡高が約 198km に渡る広範囲で記録されている．なお，岩手県大船渡市の綾里湾で局所的に 40.1m の遡上高が観測されているが，記録に残っている中では，1896 年の明治三陸津波（遡上高で約 38.2m と推定：岩手県大船渡市）を上回り，これまでに日本で記録された最大の津波である．

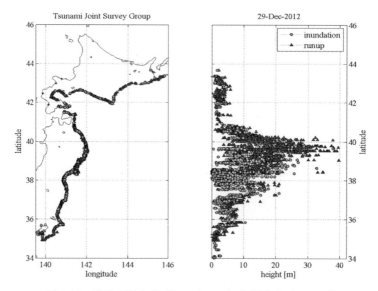

図 1.10 津波の浸水高（Inundation）と遡上高（Runup）

1.2.8 津波の河川の遡上

　河川は河口により海岸線を形成しているが，津波は障害物，抵抗の少ない河川を陸上部よりも早く遡上する。宮城県の北上川，旧北上川および鳴瀬川の本川部で観測[11]された津波の遡上について，河口からの距離と波高の関係は図1.11[12]になり，河川に関わらず，ほぼ同じ傾向を示す。これは，三川が地理的に近いため，河床勾配や津波高が類似しているためと思われるが，河口の波高は800cm程度である。ここで，距離0kmで波高800cm，同50kmで同10cmとして波高を指数曲線で近似すると，河口での波高が800cmの場合，(1.1)式が得られる。

$$H = 800e^{-0.0875L} \tag{1.1}$$

　　　ここに，H：波高（cm），L：河口からの距離（km）

　なお，河川では，津波の遡上を阻害するものは少ないため，陸域の勾配が河

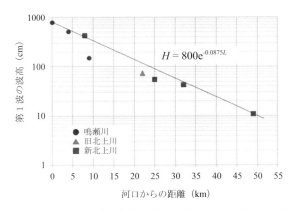

図 1.11 河川を遡上する津波の波高と河口からの距離の関係例

床勾配に近いと，波高 H は陸域の浸水深の上限値を意味する．ただし，河川は上流で河幅が狭くなり，波高が増加するので，陸域では上限値よりもさらに小さいと思われる．

また，津波の遡上速度について，観測の時間間隔（1分あるいは10分）を考慮すると，隣接する観測地点間の距離と第1波の到達時間から算出した区間平均流速は，北上川では河口から8〜25km間で10.5〜5.8m/s，同32〜49km間で7.1〜3.5m/s，鳴瀬川では同0〜4km間で13.3〜4.2m/s，同4〜9km間で4.2〜2.4m/sである．従って，津波の遡上の流速は，河口近くで13m/s程度であり，上流に向かうのに伴って減速し，河口から50km付近で3〜7m/s程度になる．

1.2.9 津波の一般的な特徴

以上は，3.11 津波の特徴であるが，津波については，一般的に次の特徴が指摘されているので，注意が必要である．

(1) 繰り返し来襲すること
(2) 第1波が最大の波高，浸水深であるとは限らないこと
　　これらの2点に関して，本震に対する前震，余震の影響と同様，津波の繰り返しによる影響の考慮の要否，考慮方法が課題である．

(3) 海岸線の地形により津波高が増大すること

(4) 海岸線に近づくと，津波高は上昇し，継続時間は短縮すること

これらの2点に関して，地域ごとに異なる海岸地形を考慮する方法，防潮堤の有無による想定津波高と継続時間の設定が課題である。

(5) リアス式海岸のように，陸域の奥行き方向が狭い場合は，押し波と引き波があること

(6) 平野海岸では，押し波が主であること

(7) 押し波より，引き波の流速が早く，退潮時間が短いこと

これらの3点に関して，図1.9のように，海岸地形により押し波と引き波の特性が異なることに注意が必要である。なお，防潮堤などの越流では，押し波の場合は山側の裏のりが，引き波の場合は海側の表のりの侵食に，特に注意が必要である。

(8) 震源が遠く，地震動が感じられなくとも，津波の来襲があること

(9) 津波の来襲前に，引き波による海面低下が先行するとは限らないこと

(10) 河川，掘り込み港湾など，海岸に面した水域部からの遡上が早いこと

これらの3点は，津波特性の基本であり，その周知と実津波の場合の情報伝達，避難方法などの課題がある。

上記以外の特性は，次章の被害特性において，適宜，提起し，考察する。

参考文献

1) 常田賢一，片岡正次郎：活断層とどう向き合うか，理工図書，2013.11.
2) 中央防災会議：東北地方太平洋沖地震を教訓とした地震・津波対策に関する専門調査会報告，参考図表集，平成23年9月28日.
3) 防災科学技術研究所：平成23年（2011年）東北地方太平洋沖地震による強震動，平成23年3月15日.
4) 防災科学技術研究所の速報（平成23年3月25日）
5) 首藤伸夫，他：津波の辞典，朝倉書店，79p. 2011年7月 初版 第4刷.
6) 中央防災会議：「東北地方太平洋沖地震を教訓とした地震・津波対策に関する専門調査会報告」，9月28日.

7) 気象庁 HP：津波警報の改善について（閲覧 20150728）

8) 高橋重雄，他：2011 年東日本大震災による港湾・海岸・空港の地震・津波被害に関する調査速報，港湾空港技術研究所資料，No.1231，2011 年 4 月.

9) 東北地方太平洋沖地震津波合同調査グループ：調査結果(http://www.coastal.jp/ttjt/)

10) 東北地方太平洋沖地震津波合同調査グループ：東北地方太平洋沖地震津波に関する合同調査報告会，予稿集，2011 月 7 月 16 日.

11) 国土交通省仙台北上川下流河川事務所：北上川および鳴瀬川の被害状況，速報第 29 報，9 月 5 日版，2011.9.

12) (一財) 災害科学研究所：巨大地震災害とどう向き合うか―東日本大震災に学び，明日の巨大地震に備える―，東日本大震災報告書，平成 26 年 3 月.

第2章　津波被害から学ぶ

2.1 被害の現地調査の留意点

　津波によってもたらされる被害の対象は，浸水した地域に存在するものすべてであり，人および自然物と人工物である．本書は，自然物および人工物を対象とし，それらの津波防災性を考える．そのため，津波の被害調査では，まず，どのような対象物があるかの認識が必要である．

　写真 2.1 は 3.11 津波の 3 日後の仙台市中村区荒浜の海岸付近の航空写真[1]であるが，多種多様な自然物や人工物があることが分かる．一般的に，海域から陸域にかけて，沖合に防波堤，沿岸部に離岸堤，岩礁など，海岸線付近に砂

写真 2.1　仙台平野の海岸付近の状況[1]

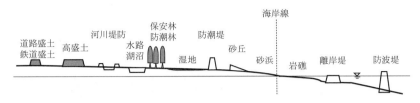

図 2.1　海域から陸域に存在する多種多様な施設・構造の概念

浜，防潮堤，砂丘，港湾の岸壁など，その背後に住宅，公園，保安林，水路，河川，湖沼など，さらに背後に道路，鉄道などがある。これらの諸施設が海側から陸域に至る範囲にある様子を概念的に示すと，図 2.1 になる。

これらの諸施設は，3.11 津波により何らかの被害を受けているが，本書では，特に，社会基盤の津波防災に関係する代表的な構造物として，次の 12 種類を取り上げて，現地調査を実施している。

(1) 海岸護岸，防潮堤，(2) 河川護岸，(3) 保安林・防潮林，(4) 高盛土，
(5) 水域，(6) 堤防・盛土，(7) 道路盛土，(8) 植生被覆，
(9) 自然砂丘，(10) 砂浜，(11) 離岸堤・ヘッドランド，(12) 消波ブロック

災害の現地調査では，下記に留意することが必要である。

(1) 現地調査に先立ち，可能な限り情報や資料を収集して，調査地，調査対象，調査工程を検討し，準備する。また，被災地の現地状況を把握し，それを考慮した対応が必要である。

　著者の 3.11 地震の現地調査の場合，本震発生の 2 日後の 3 月 13 日に実施した茨城県水戸市付近の常磐自動車道の盛土崩壊地の調査では，ガソリン不足の状況にあり，ガソリンスタンドの給油制限が実施されていた。また，5 月の連休の仙台平野での現地調査では，現地の移動手段となるレンタカーも確保が困難であることが予想されたため，関東地方からレンタカーで現地入りした。さらに，津波の被災地は，盗難警備などのための部外者の立ち入り制限の可能性があったが，即時に立ち入り許

可が取れる状況にないため，しかるべき団体の名称を表示した腕章（地盤工学会関西支部から借用）あるいはヘルメット（大学名入り）を準備した。なお，5月，7月，9月と現地入りしたが，時間が経過し，復旧が進展するほど，現地への立ち入りが厳しくなっていった。そのため，現地調査の立場からは，現状の変化前に可能な限り，早期に現地入りすることが必要であるが，他方，被災地では救護，救援が最優先であることを考慮した行動が必要である。

(2) 現地調査では，現地の状況に応じて，臨機に対応することが必要である。上記の仙台平野での調査では，ヘルメット，作業服，長靴などの出で立ちは当然であるが，それにより現地では工事関係者と見られ，不審者扱いされない効用もあった。また，沿岸部は浸水被害を受けており，トイレ，コンビニなどはなく，内陸側に戻るといったように，通常より時間が必要な行動になった。さらに，現地で採取した土の試料運搬は，宅配便を利用したが，現地の取扱営業所に持ち込み，搬送した。なお，現地では，被災されている方がおり，津波の遺留品が残されているなどのため，興味本位と受け取られる被災者の人権，感情を無視した調査はしないこと，勝手に遺留品に触らないことなどの注意，配慮が必要である。

(3) 現地調査では，被害原因を推察し，今後の有効な対策を検討するためには，被害のある箇所だけでなく，被害のない箇所の調査も必要である。2.2節以降の各事例でも言及しているが，特に，隣接した箇所で，類似の構造物の比較では，それらの被害の有無，程度の差異を知ると，被災の要因，さらに対策のヒントが得られる。

以下の2.2節から2.13節には，現地調査に基づいて，上記12施設の被害状況および得られた知見を示すが，主として仙台海岸などの平野海岸の状況に基づいていることに注意されたい。

また，得られた知見の要点を枠書きで簡潔に示し，その根拠となる事例などを解説的に提示し，理解しやすいようにしている。また，写真中の矢印は，津波の流れの方向の概略を示す。なお，相互に関係する事項は，項目間で重複し

て記述されていることがあること，本書で特記した知見[2-4]は，あくまで著者の技術的な観点からのものであり，特に，海岸工学に関係する事項は，本書を参考にして，別途，専門書や文献などを参照されたい．

2.2 海岸護岸，防潮堤の被害と特徴

海岸護岸あるいは防潮堤（以下，防潮堤と呼ぶ）は，海岸線にあるため，津波の侵入を阻止する陸域での最前線の構造物であるが，津波による被害の特徴と津波に対する機能を知ることが必要である．ここで，防潮堤の構造は，直立堤，斜堤などの基本構造に加えて，表のり部，天端部，裏のり部の構造が防潮機能に関係し，越流による洗掘では裏のり尻，裏のり先にも注意が必要である．

ここで，防潮堤，盛土の構造に関係する部位の名称を図 2.2 に示す．

図 2.2　防潮堤・盛土の構造部位の名称

> 緩傾斜構造の防潮堤は，耐津波性があるが，津波の遡上を促す恐れがある

近年，海岸での親水空間を目的として，防潮堤の緩傾斜化が行われている．写真 2.2 は，津波による住宅の浸水被害があった千葉県旭市である．表のり面の高さが 2.5m 程度のやや高い緩傾斜堤であるが，津波による防潮堤の被害は皆無である．浸水高を隣接する下永井リフレッシュ事業の海岸と同じ 6.1m と仮定すると，浸水深は 3m 程度，堤防天端の越流深は 1.9m である．なお，地元の人は緩傾斜堤での津波の遡上を認識している．一方，写真 2.3 は，仙台市中村区荒浜の緩傾斜堤であり，砂の埋塞により高さが低くなっていたため，津波は抵抗なく流れ，防潮堤の被害は皆無であるが，背後の荒浜地区の住宅はほぼ

すべて流出している。

　以上から，緩傾斜堤は耐津波性があり，それ自身は津波被害を受け難い構造であるが，他方，津波が斜面に沿って遡上し，背後地への浸水を助長する恐れがあるので，注意が必要である。人に優しい防潮堤は，必ずしも津波に優しいとは限らないことになる。このように，防潮堤の防潮機能とは何かが問われるが，防潮堤に対する要求機能をどのように設定するかということになる。なお，防潮堤に対する要求性能については，4.4節で考察する。

　　写真 2.2　やや高い緩傾斜堤　　　　写真 2.3　埋塞していた緩傾斜堤

> 防潮堤の海側の前面で変化した地形が，防潮機能を低下させることがある

　写真2.4は直立堤の箇所であるが，背後の盛土の侵食度合によると，隣接区間より盛土天端の越流深が大きい。この原因は，写真から分かるように，防潮堤の海側にある前浜に防潮堤の高さと同じ高さの堆積地形があるためである。つまり，この地形が緩傾斜堤のような役目を果たし，遡上を促すようになり，防潮機能が低下し，遡上高が大きくなったためである。他方，写真2.5は，防潮堤の前面の砂の堆積の有無が，防潮堤の損傷の発生に関わることを示唆する2事例であり，堆砂があった箇所は，防潮堤に作用する力が軽減され，決壊や欠損が発生していない。

　以上の3例から，防潮堤前面の堆砂は防潮堤の安定性にとっては良いが，防潮堤の本来機能は喪失している。従って，防潮堤が完成した後であっても，経年による状態の変化，それによる防潮堤の機能低下に注意が必要である。

写真 2.4　防潮堤の前浜で発達した地形

(a) 欠損事例　　　　　　　　　　　(b) 決壊事例

写真 2.5　防潮堤前面の堆砂による被害の有無

> 表のりがブロック張りの防潮堤は，裏のりの侵食の影響を受ける

　写真 2.6 はブロック張りの防潮堤であるが，押し波の越流による被害は見られない。一方，写真 2.7 は越流により裏のりが侵食したが，天端までの侵食に止まっている。さらに，写真 2.8 は天端から表のりまで侵食が拡大し，決壊という致命的な崩壊に至っている。このような破壊形態は随所で見られており，防潮堤の侵食は裏のり先の地盤の侵食から始まり，裏のり，天端さらに表のりへと拡大するのが，基本的な破壊プロセスである。従って，裏のり尻あるいは裏のり先の侵食を抑制，防止することが越流対策になる。

　以上のように，ブロック張りの防潮堤は，押し波に対して，表のりは侵食され難く，裏のりの侵食が引き金となり，表のりへと拡大する。なお，引き波が想定される場合は，表のりの侵食にも注意が必要である。

　さらに，この知見から対策に対する示唆が得られる。つまり，押し波により表のりが侵食し難く，裏のりが侵食することは，ブロックの重量を増して対策

をする場合，両のりを重量化する必要はなく，裏のりだけ重量化して，表のりは従来のブロックで十分であることを意味する．なお，引き波が予想される場合は，両のりの重量化が必要である．

写真 2.6　越流後の表のりの状況　　写真 2.7　裏のりの侵食による天端までの侵食

写真 2.8　裏のりから表のりに侵食が拡大して破堤

> 直立堤，波返し構造が望ましいが，波返しは構造に注意が必要である

　写真 2.9 はパラペット（隔壁，高さ 1m）付きの高さ 2m の直立堤である．防潮機能からは，遡上，越流を直接的に防止する直立堤が望ましい．さらに，防潮堤の前面が曲面である波返し構造が，より望ましいと思われる．これらの防潮堤の構造による津波減勢の効果は，今後の課題である．

　また，写真 2.10 は防潮堤の前面が曲面になった波返し構造の防潮堤の被害状況である．ここで注目されるのは，防潮堤の前面には，砂浜から 1.1m 高の直壁に，2m 程度の幅のコンクリート版の表小段が後付けされた構造になっていることである．写真のように，小段から上部が決壊しているが，写真奥で隣接する波返し構造の防潮堤は小段がなく，決壊していない．このような決壊の有

無の原因は，図 2.3 の概念図のように推察され，波返し構造の前面に小段を設けることにより，波返しによる津波減勢が低減し，直接的に小段の上部に津波力が作用したためである．この表小段は，海水浴場としての利便性から設置されたものと思われるが，津波防潮にとっては構造的に不適当ということになる．

以上のように，防潮堤の防潮機能が，付属構造により減殺されることがあるので，構造変更の場合は注意が必要である．

写真 2.9　直立堤の防潮堤　　　　写真 2.10　波返し構造の防潮堤の
　　　　　　　　　　　　　　　　　　　　　　上部決壊

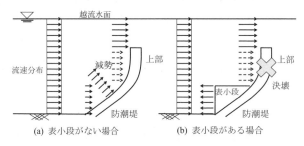

図 2.3　波返し構造の改変による津波防潮機能の低下の概念

> 防潮堤の天端は舗装の被覆が有効であり，土堤でも侵食の拡大防止として機能する

防潮堤，堤防，盛土では，構造的にもっとも高い位置にパラペットの上端あるいは天端があるが，津波はこの高さを超えた場合に，堤内地が浸水すること

になり，逆に，所要の高さの維持が浸水の防止，抑制になる。従って，天端高が津波に対して安定であること，言いかえると保持されることが基本である。

防潮堤の天端について，写真 2.11 のようにアスファルト舗装の場合，全体的に被害が少なく，舗装が侵食を抑制する効果がある。また，写真 2.12 のように陥没する場合があるが，原因は裏のり（本例は，格子枠ブロック張り）の侵食に起因する。さらに，写真 2.13 のように，土堤（河川堤防）でも，天端の舗装の局所的な剥離はあるが，破堤はせず，全体としての健全性を保っている場合がある。本例については 2.7 節で考察する。

以上から，防潮堤だけでなく，土堤においても，天端の舗装は津波の越流による侵食の抑制効果が期待できる。

写真 2.11　被害のない防潮堤天端の舗装

写真 2.12　裏のり侵食による天端の侵食

写真 2.13　堤防天端の舗装の軽微な剥離

> 裏のりのブロック張りの斜堤は，ブロックが分離し，流出することがあるので，一体化構造が望ましい

　写真2.14および写真2.15は，それぞれブロック張りの裏のりであるが，前者は面的に一体化しているが，後者は格子枠内のブロックが独立している。したがって，前者の場合は，表面侵食を受けにくく，のり先の洗掘が課題となるが，後者の場合は個々のブロックが剥離し，飛散し，流出することがある。

　以上から，ブロック張ののり面は，ブロックが剥離しないように一体化するのがよい。

写真 2.14　無被害の裏のり部

写真 2.15　ブロックが飛ばされた裏のり部

> 越流の程度により，裏のり先の侵食，裏のりの侵食の発生の規模が異なる

　津波が防潮堤を越流すると，裏のりの傾斜部を流下するが，特にのり先での侵食が顕著であり，その規模が大きいと，全体的な崩壊に結びつく。写真2.16は越流による小規模なのり先の侵食状況である。裏のり先は簡易舗装の道路であり，浅い箇所で0.8～0.9m，深い箇所で2m程，洗掘されているが，水は溜まっていない。従って，防潮堤が低く，越流程度が小さければ，小規模な洗掘に止まる。防潮堤が高くなり，裏のりでの越流の落差が大きくなると，写真2.17のように裏のり先の洗掘深や洗掘幅が拡大する。さらに侵食が拡大し，裏のりの侵食により格子枠が崩壊したのが写真2.18であり，天端，表のりに侵食が拡大し，背後に幅20m程度の大規模な落堀（おっぽり：後述，3.3節）が発生し

たのが写真 2.19 である。

　以上から，防潮堤などにおける越流およびそれに起因する被害を見る場合，侵食などによる被害の水準（レベル）に差異があることを知ること，認識することが前提になる。言いかえると，"被害の有無"に留まらず，"被害レベル"で考えることである。このような被害レベルの差異は，第 4 章で考察する防潮堤などに対する要求性能に繋がり，対策の要求水準にも関係してくる。

写真 2.16　小規模な裏のり尻の浸食

写真 2.17　中規模な裏のり尻の侵食

写真 2.18　裏のりの格子枠の崩壊

写真 2.19　裏のり尻の大規模侵食による落堀

2.3　河川護岸の被害と特徴

　河川の河口は海岸線の開口部であるため，津波は河口から上流に向かって遡上するが，津波高が河川堤防の堤防高を超える場合は，堤内地に津波が越流して，浸水被害をもたらす。3.11 津波でも名取川，阿武隈川，旧北上川などで遡上が発生しており，津波による河川堤防の被害の特徴と津波に対する機能を知ることが必要である。

> 洪水と同様に，津波でも水衝部は弱部であり，越流の可能性が高い

　写真 2.20 は阿武隈川河口から 1.8km 上流右岸の河川堤防（写真 2.22 の①）であるが，堤防天端のパラペットが飛ばされ，裏のりは侵食している．0.6km ほど下流（同②）でも同様な被害が発生し，越流は住宅地を突き抜けているが，同様な現象は洪水による破堤箇所でもみられる現象である．一方，写真 2.21 は①の下流（同③）であるが，パラペットの損傷はなく，裏のりの侵食も軽微であり，堤内地の家屋も大きな損傷は受けていない．
　これらの被害の差異は，津波の遡上方向と河川堤防の法線の相対関係から分かる．つまり，写真 2.22 は阿武隈川河口付近の衛星写真であるが，矢印を津波の進行方向と想定すると，①および②の地点では矢印は堤防の法線に対して

写真 2.20　越流した河川堤防：
　　　　　　①地点

写真 2.21　越流が見られない河川堤防：
　　　　　　③地点

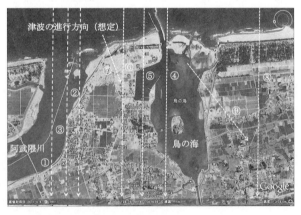

写真 2.22　阿武隈川河口〜荒浜〜鳥の海付近：Google earth 20110406 に加筆

ある角度があり，③の地点では矢印は堤防法線とほぼ平行である。言いかえれば，洪水と同様に堤防の法線が弯曲した水衝部は，津波の場合も水位が上昇して越流の可能性が高くなる。

また，写真2.23は河口を臨み，河川は写真の左方向に蛇行している水衝部になるが，越流により河川護岸の背面に浸水し，侵食が発生している。

以上から，河川の津波遡上では，水衝部に注意が必要であり，堤防高などのよる対処が必要である。なお，洪水では上流からの水衝部，津波では下流からの水衝部であるが，その位置は必ずしも同じではない。

写真 2.23　河口からの津波遡上による河川護岸の越流侵食

通常の河川のブロック張り護岸であれば，表のりの損傷はほとんどない

河川護岸あるいは堤防では，表のりが津波を受ける面になるが，防潮堤と同様に，押し波による被害は皆無である。写真2.24はブロック張り護岸であり，越流した箇所であるが，表のり先を含めて，表のりの損傷は全く見られない。これは，津波はのり面に沿って水位上昇するが，流速はそれほど大きくならないためと思われる。なお，後述の高盛土・堤防でも，表のりの芝などの植生に対する侵食も僅かである。

この知見から示唆されることは，押し波に対するブロック張り防潮堤と同様に，表のりは従来の護岸構造で十分であり，津波に対して特別な措置は必要ないことである。

写真 2.24 損傷がないブロック張りの河川護岸の表のり面

> 堤防の天端は，アスファルト舗装あるいは相当の幅の植生があれば，侵食は少ない

　堤防の天端は，道路として利用されていることが多く，アスファルト舗装であることが一般的であるが，洪水時の越流と同じように，アスファルト舗装の天端は津波に対しても侵食されにくい．写真 2.25 は"桜づつみ"とするために，腹付けして拡幅した堤防の越流後の状況である．天端に若干の侵食痕はあるが，天端全体は保持されている．ただし，越流水が流下する裏のりは侵食しやすく，写真の裏のりは 3 段（上から 1.5m，2m，2m）構造であるが，いずれの裏のり面も侵食が見られる．従って，拡幅された堤防は，侵食するものの，断面の余裕により侵食の影響は小さい．これは，第 8 章 8.2 節の水路越流実験において，裏のり勾配を緩和した盛土模型の実験により検証している．

写真 2.25　天端幅のある裏のり 3 段の河川堤防

> 堤防の裏のりは，越流により侵食され，のり先に落堀ができることがある

　河川堤防の場合も，津波の越流により裏のり先が侵食されて，写真 2.26 のように落堀が形成される。これは，洪水時の越流でも見られるが，水位上昇する表のり面と違い，裏のりでは流下する津波の流速が加速されるためである。射流が発生するとも言われるが，その発生条件は，裏のり高さ，裏のり表面の構造（ブロック張り，植生），越流深，越流時の流速などが関係する。なお，越流深が浅く，裏のり高が低く，裏のり面が植生で被覆されているような場合は，侵食は発生しないことがある。

　なお，国土技術政策総合研究所の福島ら[5]は，堤防の越流前に堤内側が浸水している場合は，滞水が越流に対するウォータークッションになり，侵食が抑制されるとしている。

写真 2.26　越流による河川堤防の裏のりの侵食と落堀の形成

> 堤防背後からの津波により，護岸が侵食され，損傷することがある

　河川の護岸などに対する津波の影響は，川表側の遡上が一般的であるが，写真 2.27 は，左岸の護岸の背面から津波の浸水があり，護岸が倒壊している。これは，河川が河口から蛇行しているため，海岸線から 70〜100m 程度の位置で海岸線に平行になるような護岸法線となり，海から陸地に浸水した津波が護岸

背後から侵食したためである。また，仙台市の貞山堀はほぼ海岸線に平行であるが，写真 2.28 は海岸線から 250m 程度離れた位置にある貞山堀の海側の矢板護岸であり，海側の陸地部からの浸水により護岸背面が侵食されている。

以上のように，河川の河道側からの津波だけでなく，背後からの津波を考えることが必要な場合もある。

写真 2.27　河川護岸の背後からの津波の浸水　　写真 2.28　矢板護岸の背後の侵食

2.4　保安林・防潮林の被害と特徴

仙台平野の太平洋沿岸では，海岸の防潮堤から幅が数百 m におよぶ松林が帯状に分布している。また，陸前高田市では高田松原と呼ばれる 7 万本と言われる保安林が海岸沿いにあったが，3.11 津波により"奇跡の一本松"を残してすべて流出している。海岸沿いにある保安林が津波の浸水に対してどのような被害状況にあるか，防潮機能の有無を知ることが必要である。

ここで，保安林（あるいは防潮林）は，海・陸方向の幅，海岸線方向の延長，樹木密度，樹種，樹高などが基本特性として考えられ，樹林の残存状況，後背地の浸水およびそれに起因する被害がある。

> 保安林，樹木は津波の力を減勢できる

写真 2.29 は津波後の住宅の状況であるが，海岸線から 650m 程度離れている。海側にある貞山堀と住宅の間には，松の保安林（幅 250m ほど）がある。住

宅の 1 階部分は，浸水深 3.5m の浸水による損傷を受けているが，流出はせず，基本的な構造は残っている。これは，住宅の海側に隣接して残存した保安林の効果による。上空から見た当該場所は写真 2.30 であるが，住宅の海側の残留した保安林の両隣の保安林は，すべて流出している。これらの保安林の流出の有無の原因（写真中の落堀の有無）は後述する。

また，写真 2.31 は千葉県旭市のなぎさリフレッシュ事業の海岸であり，防潮堤は緩傾斜化されている。防潮堤の背後は，自転車道，さらに九十九里ビーチラインがあり，奥が住宅地である。防潮堤の海側の法肩付近には，幅 10m，長さ 15m ほどの松林の植栽帯が 15m ほどの間隔で設置されている。ここで，松林が空いた箇所とある箇所を比較すると，後者の方が津波による住宅の被害が小さく，植栽帯の効果がみえる。

また，写真 2.32 は，保安林の中を海岸線に向かって作られた道路盛土である。盛土は高さが 3m 程度であるが，防潮堤から貞山堀の水門までの 280m 程

写真 2.29　流出を免れた住宅

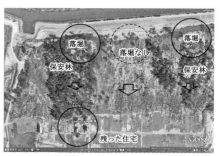
写真 2.30　津波で残留した保安林

写真 2.31　なぎさリフレッシュ事業による保安林

度の保安林を切り開いて通した空間であり，津波による水門側の侵食被害が大きい。これは，保安林を取り除いた空間である道路が，津波の通路になったためである。言いかえれば，道路部分が保安林の減勢効果を減じたということになる。このような保安林を開削した空間は，津波の通路になるので注意が必要である。

さらに，写真 2.33 は仙台市若林区の県道 10 号沿いであり，津波後に大小 12 本ほどの松に囲まれた祠が，高さ 1.5m 程の小さな丘の上にほぼ無傷で残っている。ここは海岸線から 1km ほどであり，水深 3m 程度で浸水したが，写真のような姿を留めているのは，盛土の高さと松の木の減勢の効果による。

写真 2.32 海側から見た海岸への進入路：井土浜

写真 2.33 松に守られた祠

保安林の幅は，大きいほど減勢効果がある

写真 2.34 は，保安林の幅が異なる住宅地における津波後の衛星写真である。

この地区は，幅600mほどの保安林を切り開いて造成されており，保安林の狭小部は写真中央断面の50m程度であり，広い箇所は，貞山堀を挟んで二重になっており，300〜450mの幅である。衛星写真および現地状況から，幅が広い保安林の背後地では残存している住宅が見られるが，幅が狭い保安林の背後地では住宅はほとんど流出している。

このように，保安林の幅が住宅の被害の程度に関係がある。

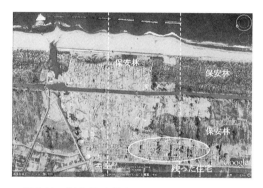

写真 2.34 保安林の幅と住宅被害：Google earth 20110406 に加筆

落堀が保安林に対する減勢に効く

写真2.35は津波により堤防の裏のり先に形成された落堀と残留した保安林である。また，写真2.36は写真2.30の落堀なしの場所からの遠望であるが，保安林はほぼすべて流出している。

つまり，津波により形成された落堀が津波を減勢させ，その背後の保安林に対する津波の勢いを減じているが，後述の水域に相当するためである。なお，破堤すると落堀が形成されないので，落堀の減勢効果を期待する場合は，盛土が破壊しないこと，させないことが前提条件である。

なお，当該知見によれば，堤防（防潮堤も同様）の背後に形成される落堀の減勢効果を対策に活かすことが考えられる。つまり，あらかじめ落堀に相当す

る水路などの構造を構築しておく，あるいは既存の水路，湖沼などに隣接して盛土を構築し，水路などを水衝構造，ウォータークッションとして利用することが考えられる．なお，落堀の減勢の効果は，5.5 節に示す．

写真 2.35　堤防背後の落堀と保安林　　写真 2.36　落堀のない箇所は保安林が流出

> 保安林の樹木は，密生していると減勢効果は高いが，樹高，浸水深に依存する

　防潮林の幅が狭い箇所では，樹木密度が小さい，あるいは倒木により低密度化した箇所は，津波が通りやすく，住宅地の被害が大きい．写真 2.37 は防潮堤からの遠望であるが，樹木の密度差が分かる．同樹木の背後は写真 2.38 の住宅地であり，津波の通りやすい箇所（写真の手前）では，アスファルト舗装の剥離があり，路肩の洗掘が大きい．他方，津波の通り難い箇所（写真の奥）では，アスファルト舗装の剥離がなく，宅地の侵食の程度も小さい．
　また，写真 2.39 は小規模な津波が，密生するやや低木の松の保安林に浸水した後の状況であるが，倒れている保安林は海側の限られた範囲に留まり，密な保安林の減勢作用が効いている．他方，写真 2.40 は大規模な津波が密生する，やや高木の松の保安林に浸水した後の状況であるが，保安林はほとんどが倒されており，密な保安林の減勢効果はそれほど発揮できていない．

2.4 保安林・防潮林の被害と特徴

写真 2.37　樹木の粗密の状況

写真 2.38　津波流の強弱の差異の状況

写真 2.39　津波（小規模）後の保安林

写真 2.40　津波（大規模）後の保安林

> 裏のり先付近の樹木は，のり尻の侵食の影響を受け，その程度により根洗い，倒木，流出がある

　防潮堤の裏のり先は，樹木が植生されていることが多いが，越流によりのり先が洗掘される。写真 2.41 は侵食により，倒木あるいは流出した状況であるが，写真 2.42 は侵食が写真 2.41 より軽微であり，樹木も残存している。さらに，侵食が小規模な場合は発生しないこともある。

写真 2.41　裏のり尻で樹木の侵食

写真 2.42　裏のり尻での樹木の侵食

2.5 高盛土の被害と特徴

　通常，平坦な平野部では，津波から避難する，あるいは免れる高い場所が限られる。避難場所としては，比較的高さがある学校などの建築物があるが，場所や数が限られる。3.11 津波の現地調査では，仙台平野で人工的な高盛土が幾つか見られたが，それらの津波に対する損傷あるいは防潮機能を知ることが必要である。それによって，津波に対する避難，移転などのために高盛土を活用する際に，その適用性などに関して技術的な参考にできる。

　ここで，高盛土は，前述の河川堤防，後述の土盛り・堤防と類似の構造であるが，相当規模の土構造物として，堤防などと区別する。

　なお，高盛土では，浸水深，盛土のり面の侵食状況などが着眼点である。

所要の高さがある高盛土は，越流を免れる

　仙台市若林区の海岸公園の冒険広場は高盛土であり，東側は貞山堀，西側は県道 10 号に接し，幅 50〜80m，長さ 400m 程度で，海・陸方向（東西方向）に細長い船型形状である（写真 2.43）。写真 2.44 は津波後の状況であるが，高盛土の周囲の倒木の様子から津波の流れ方が分かる。盛土には海抜 15.89m の表示があるが，周辺地盤からの盛土高は 14.9m で，津波の浸水深は 10.55〜13.8m と推定されるので，盛土上部の 4.5〜1.1m までは浸水を免れている。避難した冒険広場スタッフの根本暁生氏[6]によれば，津波の来襲に気が付いたのは 15:55 ごろであり，津波が来たときに園内にいたのは，井土地区の集落から避難してきた家族 3 人，犬 1 匹，猫 1 匹とスタッフ 2 人の計 5 人であった（写真 2.45，16:04）。写真 2.45 は海を背にした西側の様子であるが，一面に浸水している。

　このように，津波は津波高あるいは浸水高と言われるように，その高さは重要な要素の一つである。従って，基本的には，盛土の天端が津波高，さらに遡上高以上の海抜であれば，越流はせず，浸水も発生しないので，居住や避難の場所として利用できる。これは高台移転に通じる。

2.5 高盛土の被害と特徴

写真 2.43　高盛土の側面と周辺の倒木

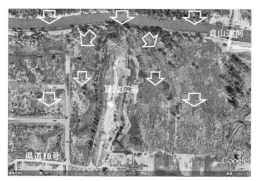

写真 2.44　津波後の冒険広場と
　　　　　　津波流向（想定）

写真 2.45　展望塔の避難の
　　　　　　状況[6]

> 高盛土の水衝部，側面部の自然植生のり面の侵食は，僅かである

　冒険広場の高盛土は流線形に近い形状をしており，その先端方向から津波が来て，両側面に分流して，流下して行った（写真 2.44）が，海側の盛土の先端部分は水衝部に相当する．従って，津波による高盛土の侵食が課題である．
　高盛土の斜め前方からの盛土側面の侵食状況が写真 2.46 であるが，盛土周辺の保安林はすべて倒れているが，盛土の浸水面の侵食は僅かである．写真 2.47 は水衝部であり，1:5 程度の勾配の植生斜面であるが，侵食は表層に留まり，盛土全体の安定には影響しない．なお，写真 2.48 は，盛土の覆土が流出し，内部の盛土材としてリサイクルされていた廃棄物が露出しているが，3.11 津波後に

津波堆積物を盛土材などに利用する先進事例とも言える。

以上のように，津波が衝突し，側面を流下しても，盛土の侵食は極表層的であることが分かる。ちなみに，仙台平野における押し波（第1波）の浸水時間（滞水時間ではない）は，長くとも30分以内であり，その程度の時間に対する侵食ということである。

写真 2.46　高盛土ののり面側面の侵食状況

写真 2.47　海側の水衝部の状況　　写真 2.48　覆土の侵食による盛土材の露出

2.6　水域の被害と特徴

仙台平野の太平洋沿岸には，保安林が帯状に分布しているが，その内部あるいは山側の外縁を南北に走る貞山堀がある。また，随所に井土浦，閖上港，広浦，荒浜港，鳥の海といった相当規模の水域が存在する。津波は，これらの水域に流入し，通過しているが，これらの水域が津波に対して，何らかの機能を果たしたのかを知ることが必要かつ有効である。ここで，水路では水路幅，堤

防構造が，港湾では水域面積，護岸構造などが基本特性である．

> 陸域の水域は，津波の減勢，貯留に資する

　写真 2.49 は津波が横断した貞山堀（防潮堤から 250 m ほど）であるが，幅 30m，水面から天端までの高さが 1.2m，水深は 1m 程度である．津波流に対しては，水面上の空間規模に応じた貯留が可能であり，評価の定量化が課題であるが，減勢も期待できる．なお，左側護岸の損傷が顕著であるが，前述の防潮堤，堤防と同様に，押し波を受ける表のりの右側護岸の損傷は皆無である．

　写真 2.51 は荒浜漁港の津波後の全景であるが，漁港水域の規模は縦（海・陸方向）400m 程度，横 200m 程度，岸壁の水面高 1.5m 程度である．当漁港の南側は"鳥の海"の湖に隣接しており，その河口からの津波の遡上もある．図の矢印が津波の流れの想定であるが，港の北東方向は海に近く，2 方向の浸水により，全戸が流出している．他方，漁港の東側からの浸水は，漁港水域を経由しており，その貯留および減勢により，浸水深や流速が抑制されている．地元の人の話でも，鳥の海の浸水が先行したと言う．また，漁港水域の東側と西側の浸水深は，それぞれ 5m と 3.9m であり，写真 2.50 のように，西側の岸壁の被害は皆無であり，その背後の住宅も流出を免れている．

　以上から，漁港水域が津波の抑制に効果があることが分かる．

写真 2.49　津波が横河した貞山堀　　写真 2.50　荒浜港の西側：A 地点

写真 2.51　荒浜港の全景と津波の流向状況：Google earth 20110406 に加筆

> 津波で形成される落堀は，水域として津波の減勢に資する

　前述の通り，保安林に対する落堀の減勢効果を知ったが，落堀を水域と捉えると，津波対策のヒントが見えてくる。

　写真 2.52 は代表的な落堀であるが，背後の保安林はすべてではないが残存している。落堀の背後は住宅でもよく，落堀を水路や漁港水域と同様に，津波の減勢に資する水域空間と捉えることができる。つまり，防潮堤や堤防が決壊しない範囲において，落堀の形成を許容すること，さらに，裏のり先に落堀に相当する水域空間を設けることなど，津波に対する防潮堤の設計のヒントになる。

　なお，写真 2.35 は落堀の規模が小さい（幅 5〜10m 程度）が，写真 2.19 の防潮堤では裏のり崩壊，部分決壊が発生しており，落堀は幅 20m 程度で大規模である。

写真 2.52 堤防の裏のり尻に形成された落堀

> **水路は津波抑制機能があるが，裏のり面の侵食に注意する**

　貞山堀のような水路に期待できる，津波に対する機能には 3 つある。つまり，防潮機能，減勢機能および貯留機能であるが，ここでは，防潮機能に関係する安定性，言いかえると，耐侵食性を考える。

　写真 2.53 は写真 2.49 の左側護岸（海側）の裏のりの近景であり，住宅地内のアスファルト舗装道路（残存）と同レベルの堤防天端ののり肩から裏のりにかけて，流下する津波による侵食が顕著である。また，写真 2.54 の河川護岸は表のりの状況であり，水面から下部のブロック張りが 2m，上部の土堤が 1m の高さ 3m の堤防であるが，津波が遡上した表のりの侵食は見られない。

　写真 2.55 は貞山堀に近接した 2 箇所の山側の堤防である。堤防の水面高は 1.2m ほどであり，写真 (a) の箇所では津波により堤防が決壊しているが，裏のりの侵食が進行したためである。一方，裏のりの侵食の程度が小さい場合は，写真 (b) のように天端のアスファルト舗装の剥離や裏のりの小規模な侵食に留まる。

写真 2.53　津波が流下する側の裏のり面　　写真 2.54　津波が遡上する側の表のり面

(a) 越流で破堤した堤防　　　　　　　　　　(b) 破堤していない堤防

写真 2.55　河川堤防の破堤・非破堤の比較

> 相応の幅の遠浅海岸，湿地帯であれば，津波の増勢を抑制できる

　写真 2.56 は名取川左岸河口付近に広がる井土浦地区（奥）とそれに隣接する湿地帯（手前）である。両者の間に貞山堀があるが，海岸線から湿地帯の山側縁までの距離は 400〜500m にもおよび，湿地帯だけでも幅 150m 強の大規模な平担地形である。津波に対して，この広大な空間の防潮機能が課題であるが，人工リーフと同様，ここを津波が進行する間は，少なくとも津波高あるいは水位の変化（増加）の抑制が期待できると思われる。

　茨城県ひたちなか市には，阿字ケ浦漁港から南下した所に，白亜紀層海岸がある。この海岸は東向きであり，写真 2.57 のように海岸の防潮堤は数m と比較的低いが，海側は白亜紀層が 50m 程度以上で露頭したリーフ状の磯である。海岸沿いの県道沿いの住宅で明確な津波被害は見られない。定量的評価は別途行うこととして，本事例のように，砂浜海岸ではなく，防潮堤の前浜がリーフ状の磯海岸の場合も，人工リーフと同様に津波（波高など）の増勢を抑制する機能があるように思われる。

写真 2.56　沿岸部の湿地

写真 2.57　防潮堤の前の岩礁

2.7　堤防・盛土の被害と特徴

　盛土は多様であるが，ここでは，土の堤防と一般的な盛土を対象とし，道路盛土や鉄道盛土は 2.8 節で示す．3.11 津波の現地調査の際に，仙台市中村区井土浦地区において，地震の 2 年前に嵩上げされた河川堤防を見つけている．さらに，岩手県大槌町浪板地区では多重防御に相当する道路盛土と鉄道盛土の並列箇所を見つけている (2.8 節)．これらの両地区は，津波による盛土の被害に関する貴重なデータを提起する事例である．

　写真 2.58 は井土浦地区の地震後 (4 月 6 日) の衛星写真であるが，海側の貞山堀と新設堤防は，湿地帯を迂回するように配置され，延長は 1.5km ほどである．津波前の海岸線から分かるように，砂浜は激しく侵食され，海岸線の形状を留めていない．また，砂浜と貞山堀の間にあった井土浦地区も，侵食，埋塞して原形を留めていない．さらに，貞山堀の山側の堤防 (写真の下側，写真 2.55 参照) は 5 箇所 (A1〜A5 地点) で決壊している．一方，高さ 4m の新設堤防は，越流深 4m 程度の押し波だけの第 1 波の越流により，B1 地点で約 100m に渡り 1m ほどの天端の侵食があるが，破堤はしていない．また，写真でところどころ白くなっている部分は，アスファルト舗装が剥離している箇所であるが，部分的であり，破堤もしていない．

　なお，井土浦地区の堤防は，仙台平野の仙台市から南の山元町に至るおおむね 30km の沿岸部において，越流し，残留した盛土としては唯一とも言える好

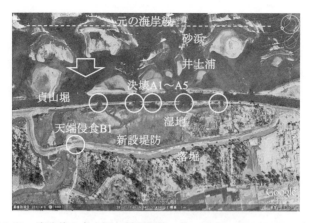

写真 2.58 津波後の貞山堀と新設堤防：Google earth 20110406 に加筆

事例である。そのため，この盛土に関する被害特性について，後述するようにさまざまな知見が得られるとともに，その後の筆者らの研究の動機となった事例である。

なお，類似の構造として，千葉県旭海岸の防潮堤の背後の盛土についても考察する。ここで，河川堤防と同様に，表のり部，天端部，裏のり部の構造および裏のり先の状況が評価対象になる。

> 海側の表のり面は，張り芝などにより，耐侵食性は確保できる

写真 2.59 は井土浦地区の新設堤防の津波後の表のりの状況であるが，張り芝に砂のわずかに堆積は見られるものの，顕著な侵食はほとんど見られない。また，写真 2.58 の B1 地点である写真 2.60 では，延長 100m 程度にわたって天端が 1m 程度，侵食されているため，のり面は芝が剥離し，表面が洗われているが，破堤には至っていない。また，写真 2.61 は防潮堤の背後にあった高さ 2m 程度の盛土において，越流後の表のりの状況である。越流深を 0.5m 程度と想定しているので，盛土前面での浸水深は 2.5m 程度になるが，津波による盛土の表のり面（写真の奥側）の芝などの植生は残っており，侵食は皆無である。

2.7 堤防・盛土の被害と特徴　　51

以上から，押し波による盛土の表のりの浸食は僅かであり，芝でも十分である．

写真 2.59　越流後の表のり　　　　　写真 2.60　天端の侵食部：B1 地点

写真 2.61　浸水深が 2.5m 程度の津波による盛土の表のりの状況

> 堤防の天端は舗装が適しており，越流規模により，張り芝などの植生でも侵食防止が可能である

写真 2.58 の井土浦地区の新設堤防は，3.11 津波の 2 年前に構築されたばかりであったが，高さ 4m 程度で，地下水位は周囲の湿地から判断すると，堤防の基礎地盤内にある．津波は押し波だけであり，越流深は 4m 程度で，越流時間は最大でも 30 分程度と推定される．写真 2.62 は同堤防の津波の越流後の状態であるが，アスファルト舗装が部分的に剥離はしているものの，防潮堤のような致命的な破堤には至らず，高さが保持されている．言いかえれば，津波に対して粘り強いということである．

これらの現象は，裏のりの侵食の拡大が舗装によって抑制されたためである．これは，8.2 節の水路越流実験で検証している．

一方，写真 2.63 は防潮堤の背後に自転車道を挟んで整備された高さ 2m の盛

土の天端の津波後の状況である。津波高を 6m 程度とすると，防潮堤の背後の盛土前面の浸水深は 2.5m 程度と推定される。ここで，盛土の天端の草の状況あるいは裏のり尻の侵食跡により越流が確認できるが，盛土の越流深は 0.5m 程度と推察される。従って，越流が小規模であるために，盛土の全表面の植生は，侵食されておらず，植生の被覆でも十分である。

写真 2.62　堤防天端の侵食　　　写真 2.63　津波（低越流）後の盛土天端

> 越流による堤防の裏のりの侵食は表層的であり，のり先の侵食により，本堤の部分欠落などが発生する

　写真 2.64 は井土浦地区の新設堤防の裏のりおよびのり先の状態である。裏のりは侵食されているが，表面あるいは表層だけである。また，のり先が侵食されていない箇所もあるが，隣接した侵食した箇所と越流条件が同じとすると，のり先の地盤の耐力の大小が関係する。また，写真 2.65 は堤防の裏のり先に形成された落堀とのり部の部分欠落である。落堀の形成による不安定化により，本堤の欠落が発生しているが，落堀が形成されない場合，裏のり部だけの欠落は発生しないようである。これに関しては，7.4 節で検証している。
　写真 2.66 は写真 2.63 の盛土の越流後の裏のりであるが，直立堤の高さが 2m，パラペット高が 0.9m，盛土高は 2m である。天端幅は 2.5m であり，裏のり高は 2m〜1.5m である。ここで，直立堤の下端と汀線の高度差を 1m と想定すると，盛土天端の汀線高は 4.5m となるが，津波は盛土を越流しているので，浸水高は 4.5m 以上と推定される。なお，盛土の越流深は不明であるが，0.5m〜

1m 程度と推定される．写真 2.66 では，裏のり先はほとんど侵食されていないので，0.5〜1m 程度の越流深の場合，1.5m〜2m 程度の裏のり高では，裏のり先の侵食は発生しない．

写真 2.64　裏のりの表層侵食と非侵食の裏のり先

写真 2.65　落堀の生成と裏のりの欠落　　写真 2.66　低越流後の裏のり尻侵食

> 裏のりでは複断面により防潮機能が向上するが，表のりでは低下することがある

　写真 2.67 は防潮堤の背後に整備された盛土であるが，裏のりが小段状である．海側の盛土高は 2m であるが，天端幅は 2.2m，裏のり側の小段の上および下の盛土高は，それぞれ 1.2m および 1.5m であり，小段幅は 4.5m であり，下側ののり面が若干侵食している程度である．
　写真 2.68 は水面からの高さが 3m で，自転車道になっている幅 3m のアスファルト舗装を天端とする貞山堀の盛土に隣接して，後付けされた堤防である．

本例では堤防の表のりに加えて，天端と裏のりのすべての表層が侵食されており，写真 2.59 とは異なる現象である。この原因は，貞山堀と新設堤防の一体構造において，表小段になった貞山堀の天端（自転車道）による表のり面の形状変化にある。類似の現象は，写真 2.10 の波返し構造に小段が付属した防潮堤である。つまり，写真 2.68 の自転車道は新設堤防の後付けによる小段構造となり，津波（長い方の矢印）が新設堤防の表のり面に直接作用することになり，その侵食が顕著になり，天端から裏のりへと拡大したと推察される。

写真 2.67　小段構造の裏のり　　　写真 2.68　貞山堀と新設堤防の併設部

落堀により津波の減勢を見込んでも，堤防の全体破壊には至らない

新設堤防において落堀の効果を積極的に評価する場合，堤防構造の安定が損なわれないかが課題である。

写真 2.69 は裏のり先の落堀の状況であるが，裏のり面が欠落している。しかし，その欠落の規模はのり面の下部止まりであり，天端に至る大規模なものではない。仮に，越流が繰り返された場合，欠落が拡大する恐れがあるが，今回の津波で越流が何回あったのか不明であるものの，結果的に今回の津波によっても欠落程度に留まっているのは，一つの事実である。

ここで，洪水時の越流と比較してみると，後述の 5.4 節で示すように，洪水による越流では堤防の全断面流出に至ることが多く，写真 2.69 とは明らかに異なる。この差異は，洪水による越流時間が長いこと，洪水の場合は事前の降雨あるいは河道の水位上昇による堤体の地下水位の上昇が考えられる。他方，こ

の新設堤防のように，常時に地下水位が低い状態にあると，致命的な全体破壊には至らないと思われる。

写真 2.69　裏のり先の落堀と裏のりの欠落

表のりは，可能な限り，勾配を持たせることが，防潮に有効である

緩傾斜構造の津波の遡上の恐れ（写真 2.2），緩勾配の自然砂丘での遡上の注意（写真 2.87），さらに直立堤が望ましいとの考察（写真 2.9）から，新しい堤防，盛土の整備において，防潮機能を高めるためには，安定性を確保しながら，可能な限り，表のり面に勾配を持たせる（急にする）ことが有効である。

写真 2.70 は直立堤の背後に整備した高さ 2m の盛土であるが，写真 2.2 の緩傾斜堤あるいは写真 2.88（後述）の自然砂丘よりも勾配（1：1 程度）がある。ここで，盛土のり面の安定性を確保して急勾配化する方法には，ジオテキスタイルなどによる補強土壁工法などがあり，技術的な対応は可能である（8.5 節参照）。

写真 2.70　勾配のある盛土

| 津波に対しては，不整形部，不連続部が弱部になる |

　津波の越流，浸水では，低い所，開口部から浸水しやすいこと，構造的な不連続部が侵食しやすいことが基本原理であり，このような弱部を作らないことが必要である。

　写真 2.71 は防潮堤の背後に整備された盛土であるが，その高さは 1.5〜2m であり，不ぞろいである。従って，盛土の越流深も，堤防の高さ 1.5m，2.0m および 2.5m に対して，それぞれ 1m，0.5m および 0m と推察される。また，写真 2.72 は写真 2.71 の円内の一角であり，背後地と海岸を連絡する通路のために，盛土が切り開かれている箇所である。手前の海側からの浸水の集中により，通路の両側の盛土が侵食されている。このような箇所は，盛土の天端高より低い浸水の進入を許容し，開口部の拡大による浸水の促進の恐れがある。さらに，写真 2.73 は河口部であり，河口で海岸沿いの盛土が途切れ，盛土の端部は津波の浸水の集中により侵食している。

　なお，後述の道路盛土における横断ボックス，高架橋などは，津波に対して

写真 2.71　高さが不ぞろいの盛土

写真 2.72　アクセス道の侵食

写真 2.73　河口の盛土の端部の侵食

開口部になるので，浸水を促すことになる。また，写真 2.28（前述）は貞山堀の矢板護岸と背後の地盤との境界部，つまり，コンクリートや鉄板と土との境界で発生した侵食である。

2.8　道路盛土の被害と特徴

　仙台平野では，津波が内陸の奥深くまで達したが，仙台市から山元町までの間には，海岸線から 2.3km（名取川，亘理町付近）～4.2km（若林区付近）の位置に仙台東部道路とそれに繋がる常磐自動車道がある。3.11 津波の際に，これらの高速道路盛土には津波の浸水抑制の効果があったと言われているが，道路盛土の津波に対する機能を把握することが必要である。また，岩手県大槌町浪板地区では，道路盛土と鉄道盛土の並列箇所が見つかっている。

　これらの両地区は，津波による盛土の被害に関する貴重なデータを提起する重要な事例であるが，浪板地区の盛土については，第 10 章で多重防御の視点から詳細な検討をしている。

> 道路盛土での越流，河川からの越流，津波の進行方向に対する道路の平面線形の向きなどの条件がそろえば，道路盛土は津波の浸水深の低下あるいは漂流物を海側に留める効果がある

　写真 2.74 は仙台平野の名取川の河口から 2.5km 上流の左岸の仙台東部道路であるが，基本構造は盛土である。写真から分かるように，高架橋や横断ボックスの構造もあるが，通常の道路盛土でも同様である。また，写真 2.75 および写真 2.76 は，それぞれ道路盛土の山側および海側の状況である。盛土の高さは 6m 程度であり，のり尻は高さ 2m のブロック積み土留めである。横断ボックスは幅 7m，高さ 4m 程度であり，高架橋は支間 10m 程度の多径間連続構造である。ここで，浸水痕を見ると，海側のブロック積みで 1.9m，横断ボックスおよび高架橋橋脚で 1.6m，山側のブロック積みで 1.15m であり，山側の浸水深

写真 2.74　高速道路盛土周囲の浸水状況例：Google earth 20110406 に加筆

は海側の約 2/3 である．また，道路盛土から望む海側の住宅被害や漂流物の状況が山側よりも顕著であることからも，道路盛土による津波の抑制効果が見られる．

仙台東部道路では，津波を抑制する効果があったとされているが，以下の条件などの考慮が必要である．

(1) 道路盛土の越流の有無

　　仙台東部道路は海岸線から離れていたため，津波は道路盛土を越流しなかったが，海岸線に近く，越流する場合は，通行車両の被害の発生，道路管理方法，耐津波性を確保する構造上の配慮が必要になる．

(2) 河川からの越流の有無

　　名取川では遡上した津波の越流はなかったが，河川が近く，津波の遡上により，道路盛土より上流で越流した場合は，抑制効果は得られない．逆に，山側からの浸水を堰き止めることで，盛土が排水を阻害することも考えられる．

(3) 道路盛土の平面線形の方向

　　仙台東部道路の平面線形は，津波の進行方向にほぼ直交していたので，津波を防潮できたが，進行方向に平行である場合は，道路盛土の防潮効

果は期待できない，あるいは低減する。

3.11 津波では，上記の3条件はいずれも該当しなかったが，その意味で幸運であったと言える。

以上，盛土構造でも高架橋などの開口部は津波の浸水に対して構造的な弱部になる。また，道路盛土での越流の有無，河川からの上流側の越流の有無，道路の平面線形の方向などの条件がそろえば，道路盛土は津波の浸水深あるいは漂流物を海側に留める効果がある。

写真 2.75　高速道路の山側の状況　　写真 2.76　高速道路の海側の状況

道路盛土は，越流に対して粘り強く，舗装は侵食抑制の効果がある

写真2.77は岩手県大槌町浪板地区の国道45号の道路盛土の津波越流後の状態である。盛土高は6m程度であるが，押し波と引き波による第1波は，越流深10m程度で越流時間は10～15分程度と推定される。このように大規模な越流であったが，写真のように，両のり面および路肩の擁壁歩道が侵食しているが，天端の舗装はほぼ無傷で残り，当然，破堤はしていない。

ここで，陸前高田市から普代村に至る国道45号沿いは，仙台平野と異なり，津波に関係したのは沿岸低地部に限られるが，写真2.77の越流して残存した盛土は希少な箇所である。

この道路盛土と写真2.62の井土浦地区の河川堤防との違いは，(1) 盛土高が

6m 程度，(2) 押し波と引き波が越流，(3) 越流深が 10m 程度，(4) 第 1 波と第 2 波が越流，(5) 越流時間は 10〜15 分程度などである．このため，両地区では津波特性が異なるので，中規模（4m 程度）と大規模（10m 程度）の越流に対する盛土の耐津波性の比較事例として非常に有益である．

このように，厳しい津波に対しても道路盛土が破堤することなく，高さを保持していることは，新たな知見であるが，その原因は 8.3 節で検証するように，舗装が押し波に対して裏のりの侵食の拡大を抑制するためである．

(a) 押し波による山側のり面の侵食　　(b) 引き波による海側のり面の侵食

写真 2.77　越流深 10m の津波によるのり面の侵食と舗装の残留

道路盛土，鉄道盛土は，破堤しないと，津波の浸水抑制が期待でき，多重防御の構造として活用でできる

岩手県大槌町浪板地区では，写真 2.78 のように，海岸線から 100m ほどに道路盛土があり，さらに 200m ほど山側に JR 山田線の鉄道盛土が並行してある．いずれの盛土も津波が越流したが，どちらの盛土も破堤はしていない．

これらの 2 つの盛土は，3.11 津波後に中央防災会議から提起された多重防御の事例として貴重である．当該地区の多重防御の具体については，第 10 章で検証する．

写真 2.78　道路盛土と鉄道盛土による多重防御の事例

2.9　植生被覆の被害と特徴

津波に侵食された地表あるいは堤防などの天端やのり面の被覆の状況を見ると，植生が残り，侵食を抑制していると思われる場合がある。盛土，堤防などの土構造では表面侵食が引き金になり，変状が拡大するので，表面被覆は重要である。その方法には植生およびアスファルトなどの人工物によるものがあるが，表面被覆の津波に対する機能を知る必要がある。ここで，侵食が問題になるので，地表面，盛土あるいは堤防の表のり部，天端部，裏のり部での残留状況が評価対象になる。

> 表のりは，通常の芝，笹などの植生により，侵食の抑制が可能である

写真 2.79（再掲）は井土浦地区の河川堤防であるが，津波による表のりの侵食が皆無であったため，張り芝は剥れることなく，地震後 2 ヶ月経過し，青さを取り戻している。また，写真 2.80 は緩傾斜堤の防潮堤に併設された植生の表のり面であるが，津波による侵食はなく，植生は健全であり，緩傾斜堤と遜色はない。

ここで，浸水による植生の枯死は別の問題として扱う必要はあるが，表のり

の植生が津波の浸水によってもほぼ残留しているのは，表のりの遡上に起因するせん断面応力が小さいためである．従って，表のりの植生は押し波に対しては問題にならない．なお，表のり面の植生の効果の定量的評価のためには，浸水特性との関係を明確にすることが必要である．

写真 2.79　表のり面の芝の状況：5月　　写真 2.80　表のり面の草地の状況：5月

> 盛土の天端は，越流規模により，芝などの植生は流出を免れる場合がある

前述の写真 2.63 は，盛土天端の越流深が 0.5～1m と軽微な場合であり，盛土天端の草地の状況であるが，侵食は見られない．また，写真 2.81 は阿武隈川右岸で"桜づつみ"として天端を腹付け拡幅した堤防の天端の状況である．全幅が 15m 程度（アスファルト舗装 3m 含む）もあるが，天端の芝に侵食が見られるものの，部分的である．この付近の堤防天端の越流深は 3.8m（推定）であり，写真 2.63 よりもやや深いので，越流深が大きくなると，植生に対する影響が出てくるが，侵食は表層に留まる．

なお，写真 2.82 は植えられた桜の根元で見られた円形の侵食痕である．一見，ミステリーサークルとも言える不思議な現象であるが，根回りが保護，強化された状態で桜の苗木が植栽されたために，堤体との強度の差により，津波の越流により境界部が溝状に侵食されたためである．これも一つの示唆である．

さらに，写真 2.83 は砂浜と保安林の境界に設置された盛土（高さ 1.5m，表のり長 11m，裏のり長 4m 程度の三角形断面）である．津波の越流深は 4.5m

程度の規模であるが，裏のりは侵食しているものの，表のりと天端の植生はほとんど侵食していない。隣接した盛土では流出している箇所もあるが，写真のように残存する場合もある。

写真 2.81　堤防の天端の芝の侵食状況

写真 2.82　一見，不思議な侵食痕

写真 2.83　越流により残留した植生

> 裏のりは表のりよりも侵食されやすいが，通常の芝，笹などの植生により，侵食抑制が可能である

　写真 2.84 は越流した堤防の裏のりの植生の残存状況である。手前は侵食されていないが，奥側は侵食され，ブルーシートで保護されている。このようにほぼ同じ箇所でも侵食の差異が見られるが，条件によって，侵食されない，あるいは軽微であることがある。また，写真 2.85 は水路沿いであり，押し波によって津波が流下したのり面である。右側の裸地に植生があったかは不明であるが，少なくとも左側の笹ののり面は侵食を免れている。
　この事例のように，笹による侵食の抑制は随所で見られたが，笹の葉や茎が

流水力を低下させるためと思われる。詳細な抵抗機構は，今後の課題である。

写真 2.84　堤防のりの植生の状況　　　写真 2.85　越流によるも残留した笹

2.10　自然砂丘の被害と特徴

　海岸沿いには，風などの自然作用により砂丘が形成されているが，高さがあるので，人工的な盛土と同様に，津波に対する防潮機能が期待される。津波に対する自然砂丘の地形利用の可能性に関して，自然砂丘の防潮機能あるいは耐浸食性を事例から考察する。

　ここで，自然砂丘の形態は，大別すると，単一な片斜面の場合と裏のりがある両斜面の場合があり，前者では遡上が，後者では遡上と越流を考えることが必要である。そして，津波に対する自然砂丘では，斜面の高さ，勾配，表面の状態，裏のりの構造，周辺地形などが要因である。

> 自然砂丘は，規模に応じた防潮機能が発揮できるが，緩勾配では遡上に注意が必要である

　写真 2.86 は防潮堤から 50m ほど離れた位置の 3.11 津波後の状況である。写真中央の樹木に覆われた自然砂丘の背後に住宅があるが，海側の家屋は被災している。自然砂丘の高さは 2～4m であるが，住人によれば，津波は隣接する河川方向から砂丘を回り込んで浸水し，浸水深は 2m 程度であった。このように，

砂丘高さと浸水深との関係で，自然砂丘が防潮機能を発揮することがあること，回り込みがない連続性が必要であることが示唆される．

なお，写真2.87は防潮堤背後の自然砂丘であり，ほぼ安息角の勾配で形成されている．自然の作用では，それほど急な斜面の形成にはならないので，津波に対しては，緩傾斜堤と同様に遡上が懸念されるので，注意が必要である．

写真2.86　津波が回り込んだ自然砂丘

写真2.87　勾配の緩い自然砂丘

以下は，茨城県大洗町の大規模な砂丘地形である大洗海岸から得られた知見である．

> 津波の遡上高が斜面高より小さいと，津波の影響はないが，斜面勾配により遡上高が異なるので，海岸線方向の斜面勾配，斜面高の分布に注意する

自然砂丘は斜面構造であるので，津波高でなく，遡上高が問題となり，勾配が緩いほど遡上しやすい．自然砂丘の斜面勾配は，通常，安息角で安定していると思われるが，特に，下部は日常的に波浪による侵食を受けているために状態が変化（＝急勾配化）している．

写真2.88（A地点とする）は大洗海岸の一般的な斜面地形であり，写真2.89

(B地点とする)は砂浜の先が磯になっている斜面地形である。自然砂丘の勾配は，A地点で3/10，B地点で1/10程度である。大洗海岸の3.11津波による津波高は，北側に隣接する那珂湊港，南側に隣接する大洗港の津波高が3.5m程度と推定できるので，最大で4m程度である。また，津波の遡上高は，A地点では9m程度，B地点では13.8m程度と推定され，斜面勾配の緩いB地点がA地点より高い。

写真 2.88　一般的な勾配の斜面（A 地点）

写真 2.89　勾配が緩い斜面（B 地点）

砂丘斜面の下部の砂浜帯と植生帯の境界部分が，侵食の弱部になる

　大洗海岸の斜面の下部は，常時，台風時の潮位変動の下で恒常的に波の侵食作用を受けて裸地になっている砂浜帯と，その上部で波のかからない位置に形成された植生帯で構成されている。

　写真2.90および写真2.91は，自然砂丘の斜面の侵食状況である。これらが津波によるものか不明であるが，津波が到来し，砂浜帯の高さ以上の遡上高になる場合は，砂浜帯と植生帯の境界部が侵食され，植生帯の剥離，流出が発生

2.10 自然砂丘の被害と特徴

し，さらに遡上高に応じて上方に拡大すると思われる。

通常，自然砂丘の斜面は平坦ではなく，海岸線方向あるいは断面方向に凹凸があるなど不整形構造であり，そのような箇所が津波に対して弱部になる。

写真 2.90　津波により侵食された植生帯

写真 2.91　斜面下部の侵食跡

> 砂丘斜面の侵食は部分的で，表層部に留まり，斜面全体の大規模な崩壊には至らない

津波前の自然砂丘は安定した状態にあることから，津波で斜面の前面の水位が上昇したとしても，それは短時間であるので，砂丘内の地下水位の顕著な変化（＝上昇）には至らず，仮に表層部の侵食が発生しても，斜面全体が崩壊することにはならない。これは，堤防の押し波に対する表のり面と同様であるが，異なる点は砂丘内の地下水位であり，地下水位が高い場合は，表層下部の侵食による斜面の不安化の有無の検証が必要である。

写真 2.90 の表層の侵食深さは，おおむね 1m 程度であるが，植生帯の端部の状況からは，3.11 津波による侵食とは思われない。長年月の波浪により，今後も斜面は後退すると思われるが，稀に発生する植生帯に至る津波では，部分的な侵食に留まると思われる。

> 両斜面の自然砂丘で越流が発生する場合，裏のり構造の安定および背後地の浸水に注意する

裏のりがある両斜面構造の自然砂丘では，越流しない場合，単一な片斜面と同様に取り扱えばよい。他方，越流する場合は，堤防，盛土と同様に考えればよいが，堤防などと同様に，致命的な崩壊には至らないと思われる。

また，越流などによる背後地の浸水の考慮が必要である。これは，排水処理が課題であるが，浸水深あるいは流速の影響を低減あるいは抑制することが必要である。

> 周辺地形の状況により，津波の回り込みが想定されるので，当該の自然砂丘の横断方向だけでなく，平面方向の津波の面的影響も考慮する

写真 2.86 では自然砂丘における河川などからの津波の回り込みがない連続性の必要性，写真 2.71 では不整形部，不連続部が津波の弱部になることに言及した。このように，対象となる自然砂丘についても，横断方向だけでなく，平面的な地形あるいは河川の有無など，平面方向の津波の影響の面的評価が必要である。

2.11 砂浜の被害と特徴

海岸にある砂浜は，津波が通過する領域であるが，幅，高さ，勾配，粗度などの構造特性があるので，津波に対して何らかの関わりあるいは影響があると思われる。3.11 津波では，砂浜が津波の抑制に機能しなかったとの見方もされているが，必要に応じて，砂浜の機能を検討するとよい。

写真 2.56 や写真 2.57 では，湿地帯あるいは相応の幅がある遠浅海岸における津波の増勢抑制の可能性を考察した。類似の構造と思われる砂浜でも，相応の幅を有する場合は，同様な機能が想定される。

> 砂浜の幅が大きいほど，津波の減勢の機能が大きい

2.11 砂浜の被害と特徴　　　　69

　写真 2.92 は波返し構造の防潮堤の設置海岸であり，離岸堤により砂浜の幅が拡大した箇所と，自然状態の砂浜の箇所が隣接している。前者の砂浜の幅は最大で 150m 程度，後者では 100m 程度である。同写真は 2011 年 4 月 6 日時点であり，離岸堤背後の防潮堤の残留傾向が見て取れるが，写真 2.93(a) が離岸堤の背後，写真 2.93(b) が自然砂浜の背後の防潮堤の被災状況である。離岸堤

写真 2.92　離岸堤の有無による砂浜の比較：Googl earth 20110406 に加筆

(a) 離岸堤の背後の防潮堤

(b) 自然砂浜の背後の防潮堤

写真 2.93　離岸堤の有無，砂浜規模による防潮堤の被災

の背後では，裏のりが欠損するも，天端および表のりが残留しているのに対して，写真 2.92 の自然砂浜の背後に黒い矢印で示す箇所では，防潮堤の欠損などの被害が大きい．

以上から，後述の離岸堤間の津波の集中による被害（写真 2.92 の円の位置）を除いて考えると，砂浜規模（幅）が大きいと津波減勢が大きいと推察される．

> 砂浜が付きにくい海岸あるいは付いても幅が狭い海岸の場合，防潮堤に対する津波の影響が大きい

仙台平野南部の山元町の海岸は，砂浜が付きにくい，あるいは付いても幅が狭く，北部の海岸と異なる様相を呈している．写真 2.94 は同海岸の侵食状況であるが，北部の海岸の防潮堤の背後で一般的に見られた水路状の落堀はなく，破堤による内陸部への大規模な侵食が特徴である．写真 2.95 は写真 2.94 の近景であり，写真 2.96 は，写真 2.94 の離岸堤 B，防潮堤 B 付近の拡大である．

上記の例では，後述する離岸堤の有無による被害の差異も明らかであるが，防潮堤の破堤が甚大な被害に繋がることを示す．

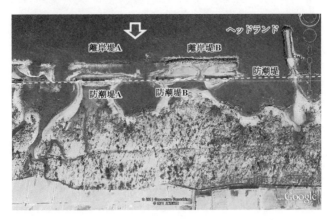

写真 2.94　砂浜が付きにくい海岸の被害状況：Google earth 20110406 に加筆

2.11 砂浜の被害と特徴

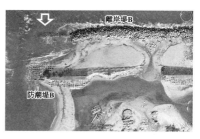

写真 2.95　写真 2.94 の近景：20110709　　写真 2.96　同左拡大写真：Google earth 20110406 に加筆

> 防潮堤がない，あるいは小規模な場合，砂浜自身が内陸部まで侵食されることがある

　写真 2.97 は津波直後の 3 月 14 日の岩沼海浜緑地であるが，砂浜が海岸線から 250m ほどの内陸まで掘り込まれて侵食され，在来の池とつながっている。当地は約 1.2km の延長の無堤区間であったため，津波の直接的な浸水による侵食が激しかった。なお，海岸線から 350m ほどにある野球場の得点ボードおよび 300m ほどの展望台での浸水深は，それぞれ 6.7m および 6.8m である。写真 2.97 の掘り込み侵食部の 7 月 8 日の状況は写真 2.98 であり，侵食された砂浜は津波前の海岸線に回復している。同様な現象は，井土浦地区など仙台平野の北部の海岸で見られ，南部の海岸と比較すると，砂浜の自然回復が早い。

　このように，特に無堤区間では浸水被害が大きく，防潮堤が設置され，その防潮機能が高い構造であれば，砂浜の喪失，さらには背後地の浸水被害の規模は抑制できる。

第 2 章　津波被害から学ぶ

写真 2.97　岩沼海浜緑地付近の津波直後の状況：Google earth 20110314 に加筆

写真 2.98　写真 2.97 の掘り込み侵食部の回復状況筆

> 防潮堤の有堤区間と無堤区間の境界部は，津波流の迂回，集中により，侵食が顕著になる

　写真 2.97 の無堤区間とそれに隣接する有堤区間の境界は写真 2.99(a) のようである。防潮堤の端は波消ブロックが置かれているが，写真 2.99(b) のように防潮堤を回り込んだ津波により被災している。また，侵食痕により津波が迂回したことが推察できる。類似の現象は，仙台市若林区荒浜でも見られている。

2.11 砂浜の被害と特徴

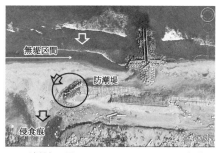

(a) 境界部の周辺：Google earth 20110406 に加筆　　(b) (a)の円形部分の近景

写真 2.99　無堤区間と有堤区間の境界部

> 離岸堤の設置間隔が広いと，砂浜が小規模となり，津波の減勢が小さい

　写真 2.100 は約 950m の区間に 5 基の離岸堤が設置された海岸であるが，津波直後の 3 月 14 日では，写真の中央の矢印の位置で防潮堤が決壊し，背後地で甚大な浸水が発生している。これは，中央の 2 基の離岸堤の設置間隔（約 220m）が両側の間隔（約 40m）より広いため，離岸堤で養浜される砂浜が小規模になり，津波の勢い（流速）を低減する効果が小さかったためと思われる。

　なお，写真 2.100(a) は 3 月 14 日，写真 2.101 は 7 月 9 日の状態であるが，破堤して，侵食された箇所は，写真 2.98 と同様に砂が付き，落堀が埋塞され，砂浜が回復している。自然の回復力に驚かされる。

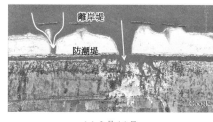

(a) 3 月 14 日　　　　　　　　　　　(b) 4 月 6 日

写真 2.100　離岸堤の設置区間の砂浜の変遷：Google earth 20110314, 20110406 に加筆

写真 2.101　写真 2.100(a) の防潮堤の破堤・堆積箇所：7 月 9 日

> 防潮堤の前面の砂浜が高いと，遡上の促進あるいは防潮堤の防潮機能の低下に注意が必要である

　防潮堤の前面の砂の堆積については写真 2.4 で前述した．防潮堤の前面の地形変化より小規模ではあるが，類似の現象である．写真 2.102 のように，防潮堤の前面の砂の堆積の有無により，防潮堤の損傷に差異がある．奥側は砂で埋塞しているので，津波は堆積に沿って遡上し，越流したのに対して，手前の埋塞されていない箇所は，津波の力を防潮堤が受けたために，欠損した．

　従って，防潮堤の前面に砂が堆積すると，防潮堤の損傷防止にはよいが，防潮機能が低下するとともに，遡上による背後地への影響の増長が懸念される．

写真 2.102　砂の埋塞の有無による防潮堤の被害の差

2.12 離岸堤・ヘッドランドの被害と特徴

仙台平野北部の仙台市から亘理町にかけては，離岸堤の設置箇所は限定的であるが，南部の亘理町から山元町付近では，離岸堤が随所に見られ，海岸の特性の違いがうかがえる。離岸堤あるいは類似のヘッドランドは，砂浜などの維持，海岸侵食の防護のために設置されているが，津波が通過する途中において，ある規模を持った構造体であるので，津波に対する減勢機能があると思われる。

沖合に設置される類似の構造として防波堤があり，津波防潮機能があるとされている。他方，離岸堤は海岸線に近い位置にあり，防波堤とは所要機能は異なるものの，津波に対する影響，機能を知っておくことが有効である。なお，離岸堤では，全体の構造条件（延長，幅，高さ）および設置条件（間隔，基数，位置）に留意が必要である。

> 離岸堤により津波は減勢され，背後の砂浜の規模が大きい離岸堤ほど，防潮堤に対する防潮機能が大きい

写真 2.92 の事例によれば，離岸堤の背後に相応の幅で砂浜が形成されている場合は，津波の減勢が期待できる。また，写真 2.94 の事例によれば，砂浜の規模が小さい場合でも，離岸堤（A および B）の背後の防潮堤が流出しないで残存しているので，離岸堤自身に津波の減勢機能がある。

> 離岸堤の端部では，津波が周り込み，集中するため，砂浜さらには防潮堤の侵食に注意が必要である

離岸堤を通過する津波と防潮堤の被害の関係は，図 2.4 の概念で表現できる。同図では写真 2.100 のように離岸堤が防潮堤からやや沖に離れた場合と写真 2.94 のように岸に近い場合に区分している。いずれの場合も，離岸堤に入射する津波流はブレーキがかかり，両端を回り込むように迂回して離岸堤の背後に向か

う流れも発生する。防潮堤が岸に近い場合は，離岸堤間の直進流と迂回流が合流して勢いを増して防潮堤を直撃する。一方，防潮堤が離れている場合は，直進流と迂回流は離岸堤の背後に回り込む流れも発生し，離岸堤間と離岸堤背後の両方で防潮堤を直撃する。離岸堤の背後に回り込む流れは，写真 2.92 の離岸堤背後に残された侵食痕からも分かる。このようにして津波流が直撃した防潮堤は破堤など，被害が大きくなり，それ以外の箇所と差が出ている。

以上から，離岸堤がある防潮堤では，砂浜の拡大による津波の減勢のプラス効果と回り込みによる集中による津波の増勢のマイナス効果の 2 つの視点から考えることが重要である。

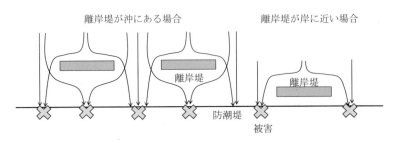

図 2.4　離岸堤と防潮堤の津波被害との関係の概念

> ヘッドランドは，津波によりブロックの飛散はあるが，流出するような致命的な被害には至らない

海岸で沖合に突出するように設置されるヘッドランドは，先端が T 字型で津波を受ける形状にあるのが一般的である。写真 2.103 は津波後の状況であるが，津波流に平行な突出部分の被害は少なく，先端部分もブロックが飛散，流出しているものの，破堤するような致命的な被害には至っていない。

写真 2.103　ヘッドランドの被災状況

2.13　消波ブロックの被害と特徴

消波ブロックは波の勢いを減ずる機能を期待して補助的に設置されるが，防潮堤の前面で津波を受けるため，津波減勢の機能を知ることが必要である。ここで，消波ブロックでは，単体の構造条件（形状，重量，規模），離岸堤のように組みあわされた構造体の設置条件（幅，高さ，位置，延長）などを考える。

> 消波ブロックは，防潮堤の根固めの効果があるが，津波に対する直接的な効果は明確ではない

写真 2.104 は波返し構造の防潮堤の背後からの決壊状況である。前面に消波ブロックがあるが，防潮堤の決壊および非決壊の箇所が併置しているので，消波ブロックによる津波の減勢効果はない，あるいは僅かである。

また，写真 2.105(a) および (b) は，消波ブロックが前面に設置された直立堤であるが，防潮堤背後の盛土が残留している場合と侵食されている場合があるので，消波ブロックによる差異は判断できない。

以上のように，被害状況によれば，防潮堤の前面に設置された消波ブロックについて，直接的な津波の減勢機能は明確ではない。しかし，防潮堤の根固め効果はあるので，間接的に津波の減勢に寄与すると思われる。

写真 2.104 消波ブロックの設置箇所の防潮堤の決壊の有無

(a) 裏のりの侵食が軽微　　　　　　　　(b) 裏のりの侵食が顕著

写真 2.105　防潮堤前面に設置された波消ブロックの有無による差異

> 消波ブロックの安定性は，単体の重量，形状および組み合わせ方法により異なり，不安定な場合は，津波により飛散する場合がある

写真 2.106(a) および (b) は，隣接した箇所の異なる構造の消波ブロックであり，防潮堤の前の砂浜を挟んで設置されている。前者の方が規模は大きく，組み合わせもしっかりしていることから，津波に対する安定性が高い。

(a) 被害の見られないブロック　　　　　　(b) 散乱したブロック

写真 2.106　波消ブロックの被災の差異

2.13 消波ブロックの被害と特徴

> 消波ブロックにより防潮堤の前面に砂が付くあるいは消波ブロックが埋塞すると，防潮堤の防潮機能が低下する

　写真 2.107 は防潮堤と前面に設置された消波ブロックの間に砂が堆積した状況であり，奥側の堆積規模が大きい。この堆積砂により防潮堤の高さが減ずるので，防潮堤の防潮機能は低下する。また，写真 2.108 は消波ブロックが砂で埋塞した状況であり，この場合も防潮堤の防潮機能は低下することになる。

写真 2.107　消波ブロックと防潮堤間の砂の堆積

写真 2.108　埋塞した波消ブロック

参考文献

1) アジア航測 (株)：20110314 12:36 撮影.
2) 常田賢一，小泉圭吾：津波被害からの知見とハード対策の方向性の考察（その 1），地盤工学会誌，Vol.59, No.8, pp.36–42, 2011.
3) 常田賢一，小泉圭吾：津波被害からの知見とハード対策の方向性の考察（その 2），地盤工学会誌，Vol.59, No.9, pp.34–40, 2011.
4) 常田賢一，小泉圭吾：津波被害からの知見とハード対策の方向性の考察（その 3），地盤工学会誌，Vol.59, No.10, pp.37–43, 2011.
5) 福島雅紀，佐野岳生，成田秋義，服部敦：津波来襲時の河川堤防の被災の程度を分けた要因，土木技術資料，Vol.54, No.6, pp.16–19, 2012.6.
6) 根本暁生：http://recorder311.smt.jp/movie/13114/ （2014.2.7 閲覧）

第3章　津波による現象から学ぶ

第2章では，3.11津波の初動的な現地調査による知見を提示したが，本章では津波による3つの現象の詳細な現地調査の結果を提示する．着目した現象は，(1) 浸水深の距離減衰，(2) 津波堆積砂層厚の距離減衰および (3) 落堀の構造特性であり，将来の津波により派生する現象を定量的に評価する際に参考になる．

3.1　浸水深の距離減衰

陸上部における津波の遡上高，浸水深は，津波防災の基本情報である．遡上高については，1.2節で概観したので，ここでは，3.11地震による仙台平野における浸水深の距離減衰を示す．

3.11津波後の仙台平野における現地調査から得られた浸水深は表 3.1 である．また，図 3.1 は，海岸線からの距離と浸水深の関係である．同図では，常田ら[1] による 14 箇所に加えて，(独) 港湾空港技術研究所[2]（1 箇所）および柴山ら[3]（3 箇所）の報告を併記している．データは限られるが，海岸線からの距離に従って浸水深は低減する．

また，全データの平均曲線は (3.1) 式で近似（決定係数 $R^2 = 0.827$）される．

$$H = 8.25e^{-0.000728X} \tag{3.1}$$

ここに，H：浸水深（m），X：海岸線からの距離（m）

図 3.1 から分かるように，海岸線から近い位置において，(3.1) 式の平均より大きい浸水深の事例がある．また，(3.1) 式では海岸線での浸水深は 8.25m であ

表 3.1 海岸線からの距離と浸水深

No.	市町	浸水深測定箇所	海岸線からの距離 (m)	浸水深 (m)
1	仙台市	荒浜（港湾空港技術研究所）	223	4.4
2		荒浜小学校（柴山ら）	720	5.05
3		冒険広場：高台	350	10.55
4		東浦：保安林の背後の住宅	650	3.5
5		仙台東部道路：竹之花	2400	1.6
6	名取市	閖上：日和山	600	8.65
7		閖上漁港（柴山ら）	440	8.3
8		仙台空港（柴山ら）	1120	2.98
9	岩沼市	岩沼海浜緑地：野球場スコアボード	350	6.7
10		岩沼海浜緑地：展望台	300	6.8
11		藤曽根：住宅	900	3.7
12		岩沼海浜緑地：管理事務所	800	3.9
13	亘理町	亘理漁港東側：鳥の海ホテル	270	5.0
14		亘理漁港北側：漁協の建物	600	4.6
15		亘理漁港西側：住宅	810	3.9
16	山元町	仙台東部道路：Box山元29	2450	1.5
17		仙台東部道路：Box山元10	3150	0.8
18		中浜小学校	400	9.1

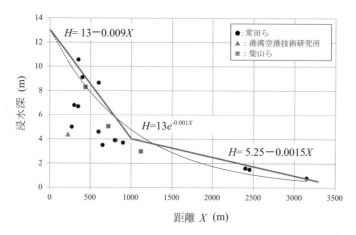

図 3.1 仙台平野における浸水深の距離低減

るが，仙台平野の津波高は 10m とも言われている．これらを考慮すると (3.2) 式が得られる．同式は図 3.1 の曲線になる（$R^2 = 0.613$）が，$X = 1,000$m お

および 2,000m の浸水深は，それぞれ 4.8m および 1.76m である。

$$H = 13e^{-0.001X} \tag{3.2}$$

さらに，内陸側でやや過小になる (3.2) 式に替えて，安全側を考慮して，図 3.1 の通り，全データを包絡する 2 つの直線で近似させると (3.3) 式になる。ここで，海岸線の浸水深は (3.2) 式に合わせて 13m としたが，(3.3) 式によると，X =1,000m および 2,000m の浸水深は，それぞれ 4.0m および 2.5m になる。

$$0m \leqq X \leqq 1,000m$$
$$H = 13 - 0.009X \tag{3.3.1}$$
$$1,000m \leqq X \leqq 3,500m$$
$$H = 5.5 - 0.0015X \tag{3.3.2}$$

3.2 津波堆積砂層厚の距離減衰

3.11 地震では，津波による流送物が瓦礫などとして陸上部に残留したが，土砂も堆積している。この堆積土砂のうち，特に砂層は過去の地震による津波の発生時期あるいは発生規模を推定する重要な指標になる[4]。3.11 地震に関して，仙台平野の海岸線から内陸に至る 3 断面における津波堆積土砂の堆積層厚，堆積層の粒度構成によれば，堆積砂層厚の海岸線からの距離減衰特性，津波堆積土の粒度特性には，以下の特徴がある[5]。

3.2.1 調査方法

通常，津波堆積土の調査は，過去の津波による履歴を把握するため，浜堤背後の湿原など，津波発生から現在までにおいて外部環境の変化の少なかった場所で実施される[4]。しかし，3.11 地震の津波については，発生直後であることから，多数の箇所を短時間で調査し，広域的な分布特性を把握している。その際，堆積土と津波前の地盤（以下，原地盤と呼ぶ）の差異が明確に把握できる

平坦な水田などの耕作地を対象としている．なお，現地における堆積土および原地盤の判別は，土層の色相，粗・細の状態，手触り，植生，流送混入物などを判断指標として行う．また，堆積土の粒度特性を把握するため，堆積土層および原地盤から攪乱試料を採取する．

調査箇所は，最大津波高の第1波の押し波により大部分の浸水が発生し，滞水が数日間継続した仙台平野の仙台市若林区荒浜地先（荒浜と呼ぶ，9箇所），名取市の仙台空港の北側（空港北と呼ぶ，13箇所）および山元町の吉田浜地先（吉田浜と呼ぶ，10箇所）の3断面であり，海岸線から2.8～3.3kmまでの範囲にある．

写真3.1は，荒浜の衛星写真であるが，調査箇所は現地の状況から選定しているので，必ずしも同一線上ではないが，調査箇所の経度・緯度を計測し，調査データの位置情報を保存している．

写真3.2は荒浜No.3の堆積例であるが，四方は見通しの良い平坦地，原地盤は水田である．掘削断面は，目視で粘性土と判別できる原地盤の粘性土質砂（砂分71.5%，細粒分28.4%）の上に，厚さ15cmの堆砂層があるが，上層8cmは黒っぽい粘性土まじり砂（砂分93.4%，細粒分6.4%），下層7cmは白っぽい分級された砂（砂分96.2%，細粒分3.7%）であり，上層は下層よりもやや

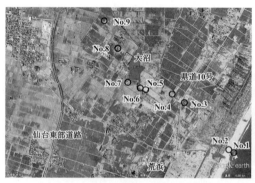

写真3.1 調査断面および調査箇所例：荒浜
Google earth 2011.04.06

写真3.2 堆積例：荒浜No.3

細粒分が多い．本例は，目視による色相でも粒度特性が異なる土層の判別ができることを示唆しており，上層で細粒分が多いのは，細粒分の沈降，堆積が遅いためである．

3.2.2 堆積砂層厚の海岸線からの距離減衰特性

津波堆積土に着目する場合，箇所ごとの堆積状況だけでなく，面的な分布特性の把握も重要である．海浜部，保安林内を除いた，25箇所の堆砂層の層厚と海岸線からの水平距離との関係が図3.2である．同図には，仙台平野における仙台市[6]，北村・若山[7]および高野ら[8]の結果を併記している．

同図から，海岸線から離れるのに伴って，堆砂層厚が低減する傾向がある．例えば，堆砂層厚が10cm以上は海岸線から2km程度まで，5cm以上は3.0km程度までである．同図において，高野らの堆砂層厚33cmの箇所は周囲より低い箇所にあり，水平距離1,970mで堆積砂層厚22cmの箇所は，落堀の背後にある水田の畔であるため，これらの層厚が大きくなる特異な2箇所を除くと，堆積砂層厚の上限はおおむね図中の実線になる．

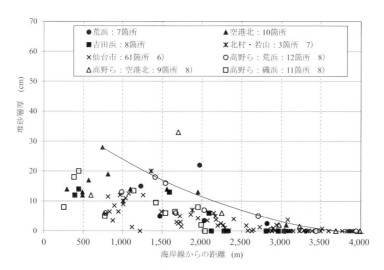

図 3.2 堆積砂層厚の距離減衰特性

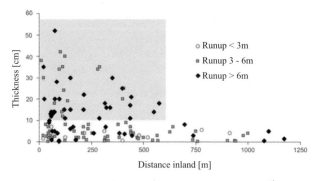

図 3.3　2004 年インド洋津波による堆積土厚 [9]

　図 3.3 は Szczucinski[9] による 2004 年 12 月 26 日に発生したインド洋津波における，タイのアンダマン海岸の津波堆積土の調査結果である．同図の堆積土が砂だけかは不明であるが，海岸線からの距離（Distance Inland）あるいは遡上高（Runup）に応じて堆積土層厚（Thickness）は低減する．また，津波後に堆積土が保持される限界として，堆積土層厚が 10cm 以上，津波遡上高が 3m 以上であるとして，図中に網掛けゾーンを併記している．なお，同図の堆積限界は海岸線から約 1,200m であるが，3km 付近まで（砂層の）堆積が見られる 3.11 地震の図 3.2 あるいは 4km 付近まで砂層あるいは泥層の堆積が見られる図 3.5（後述）と比較すると，アンダマン海岸の堆積土の堆積範囲は，3.11 地震の 1/2.5～1/3 程度であり，3.11 地震による堆砂あるいは津波遡上の規模の大きさが分かる．
　澤井ら [10] は，3.11 地震の前に仙台市，名取市，亘理町および山元町で古津波痕跡調査を実施している．その結果から，869 年の貞観津波により運ばれたとされるイベント砂層について，堆積層の層厚あるいはその存在の記載がある箇所について，海岸からの位置の順位と砂層厚の関係は図 3.4 として得られる [5]．なお，当時の海岸線が明確でないので，横軸の順位の数字が小さい箇所が海岸線に近いことを示す．同図から，海岸から離れると堆積層厚が低減する傾向がある．なお，最大の堆積層厚は 35cm であるが，総じて図 3.2 の 3.11 地

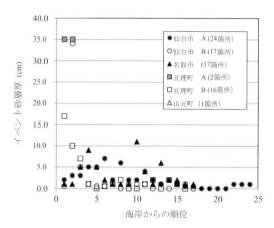

図 3.4　貞観津波によるイベント砂層厚 [5]

震と同等程度の砂の堆積状態である。

なお，澤井ら [10] は，堆積土が下方から，粗砂層〜中砂層〜細砂層のように，上方に向かって細粒分が増加することを"上方（じょうほう）細粒化，Fining Upward"と表記しているが，津波堆積土の堆積特性を適切に表している。

3.2.3　津波堆積土の粒度特性

仙台市 [6] は，海岸から約 4km までの 61 箇所において，津波被災農地に堆積した土砂の調査を実施している。堆積土の表層の泥層と砂層の各層厚が計測されているが，砂層と泥層別の堆積厚と海岸線からの距離の関係を整理すると図 3.5 が得られる [5]。同図から，海岸線に近いほど堆積厚は厚く，海岸線から離れるに従って低減する傾向がある。また，海岸に近いほど砂層の堆積が顕著であり，海岸から離れるのに伴って，泥層の堆積が卓越する。

以上，海岸に近いほど粒径の大きい砂の堆積が厚く，遠くなると堆砂厚が薄くなり，細粒分の沈降，堆積による泥層が顕著になる。このような陸域に侵入して，粒度組成が変化して細粒分が増加する堆積特性を，前述の"上方細粒化"に習って，本書では"陸方（りくかた）細粒化，Landward Fining"と呼ぶ。

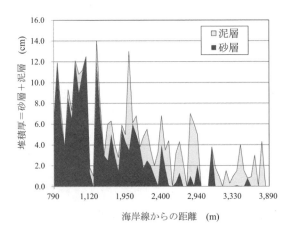

図 3.5　堆海岸線からの距離による積厚（泥層および砂層）[5]

3.3　落堀の構造特性

3.11 地震の津波による特徴の一つは，海岸線付近の防潮堤あるいは堤防の背後はほぼすべてにおいて，越流により裏のり先の地盤が侵食され，写真 3.3[11] のような大規模な水溜まりが多数形成された点である．ここで，写真 3.4[12] のように，洪水により河川堤防が越流あるいは破堤すると，河川水の流入跡は溝状に侵食されるが，この侵食痕は，河川分野では落堀（おっぽり，おちほり）[13] と呼ばれている．宇田ら [14] は大溝と呼んでおり，特別な呼称はなかった．そのため，筆者らは地震直後から，河川堤防の落堀と類似と考え，落堀（Dug Pool）と呼んでいる．

写真 3.3　津波の越流により防潮堤背後に形成された落堀

3.3 落堀の構造特性

写真 3.4 洪水による落堀：平成 16 年 10 月台風 23 号による円山川の破堤

津波後に仙台平野の 10 箇所の防潮堤，盛土などで実施した現地調査によれば，落堀の調査方法および構造特性に関して，以下の知見がある．

3.3.1 調査方法

幅 20〜30m，水深 4〜5m に及ぶ落堀の現地調査では，限られた機材により，簡易かつ相応の精度で，落堀の規模などの構造諸元を迅速に把握する工夫が必要である．計測項目は，落堀の幅，水深，洗掘断面の形状，防潮堤などの形状である．特に困難を伴うのは，幅，水深の分布であるが，以下の工夫がある．

(1) 落堀の幅

落堀の幅は，落堀の両岸に巻尺を張り渡すことにより計測する．対岸に渡れない場合は，こちら側からスケールを伸ばして，不足する延長を目測するか，スケールを投げ渡すことが考えられる．なお，津波後の時間経過により，排水あるいは蒸発により水面が低下している場合があるが，計測時の水面位置での幅に加えて，侵食前の地盤高などからの高さおよび水平距離の差も計測する．

(2) 落堀の水深

幅を計測した横断面に沿って，岸からの水平距離と水深を計測する．しかし，水面部に立ち入ることが困難な場合がほとんどなので，その場合は，写真 3.5 のように，重錘を付けた釣り糸に浮子をある間隔（例えば，10cm）で配置した糸を釣竿などにより投げ込み，水深およびその位置を計測する方法がある．こ

写真 3.5　浮子による水深計測　　　写真 3.6　ゴムボートによる貫入試験など

の場合，隣接する浮子の相対的な沈み具合から水深を目測する，あるいは浮子を引き上げて，水面にもっとも近い浮子の重錘からの距離を計算するが，誤差は ±5cm である．なお，水深の分布まで必要がない場合は，最深部と思われる位置を狙って計測する．また，写真 3.6 は落堀底面の貫入試験のために，ゴムボートを利用している状況であるが，足場を組むか，このようなボートがあれば，直接，水深が計測できる．

3.3.2　落堀の構造諸元と定式化

落堀の構造諸元は，図 3.6 の通り，落堀幅 B，最大洗掘深 D，洗掘断面積 A，越流深 H_0，裏のり高 H_B，表のり高 H_F がある．

調査対象の 10 箇所の落堀の構造諸元のうち，落堀幅と最大洗掘深の関係は図 3.7 になる．同図の全壊と半壊は，前者は防潮堤の裏のり，天端および表の

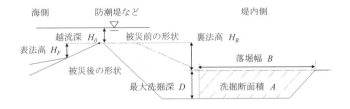

図 3.6　落堀に関わる構造諸元

りまで流出した場合，後者は表のりが残留した場合で定義する．同図では，両要因の関係はおおむね正の相関にあるが，全壊の2箇所が外れる傾向にあるので，全壊を除外すると，落堀幅の増加に伴い，最大洗掘深が増加する傾向が明確になる．この場合，落堀幅 B（m）と最大洗掘深 D（m）の関係は (3.4) 式，最大となる上端の包絡線は (3.5) 式になる．

$$D = 0.23B \quad (R^2 = 0.56) \tag{3.4}$$

$$D = 0.27B \tag{3.5}$$

同様に，裏のり高 H_B（m）と最大洗掘深 D（m）あるいは洗掘断面積 A（m^2）の関係の包絡線は (3.6) 式と (3.7) 式になる．

$$D = 1.5H_B \tag{3.6}$$

$$A = 15H_B \tag{3.7}$$

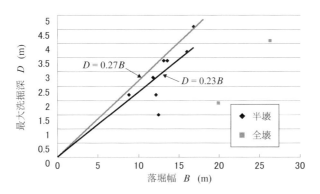

図 3.7　落堀幅と最大洗掘深の関係

3.3.3　横断面の構造特性

図 3.8 は，落堀の横断面の計測例である．同図から，越流により洗掘だけでなく，落堀底面および下流側の地盤面で再堆積していることが分かる．同図の

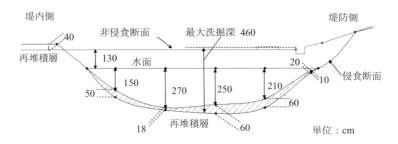

図 3.8　落堀の横断面構造：井土浦地区

井土浦地区では，400cm の洗掘深に対して，再堆積層厚は 60cm 程度である。

3.3.4　落堀の津波抑制性

　落堀が形成され，越流による裏のり，天端，さらに表のりへと侵食が拡大すると，防潮堤の破堤に繋がる。しかし，落堀の形成状況を見ると，それが津波の抑制に係わったと思われる事例が見られる。写真 3.7（再掲）は，仙台市若林区東浦地先の嵩上げ堤防における津波後の衛星写真（4 月 6 日）であるが，堤防の背後に落堀が形成された箇所とそうでない箇所がある。写真 3.8（再掲）は，落堀が形成された堤防の背後であるが，落堀の背後の保安林は比較的残留して

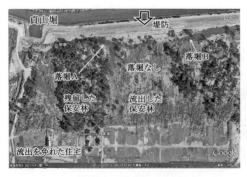

写真 3.7　落堀による津波減勢の例
　　　　　Google earth 20110406 に加筆

写真 3.8　写真 3.7 の落堀 A 付近

おり，落堀による津波抑制の可能性が示唆される。さらに，落堀が形成されていない背後の保安林は，完全に流出しているが（写真 3.7），残留した保安林の背後では，津波により流出していない住宅がある。この住宅は浸水深 3.5m 程度で 1 階天井まで浸水しているが，落堀の津波抑制およびそれによる保安林の残留，さらに保安林の津波減勢性により流出を免れた可能性を示唆する。

従って，落堀は防潮堤の安定にとっては好ましくないが，その背後では津波の減勢があり，代替構造（水路や湖沼などの水面部など）による津波対策の可能性が示唆される。

3.4 今後の課題

3.11 津波の現地調査および地震後の復旧・復興の議論を通して，地盤工学，海岸工学あるいは津波防災の視点から提示できる課題は，以下の通りである。

A. 現地調査から提起された課題
(1) 海岸工学に関する課題
a) 浸水深の距離減衰特性（＊現地調査 3.1 節参照）
b) 防潮堤の前面の地形条件による津波波力特性
c) 波返し防潮堤の前面の付属構造（小段など）による津波波力特性
d) 津波特性（押し波と引き波）に応じた（表・裏）のり面構造
e) 離岸堤による津波の減勢・増勢特性
(2) 地盤工学に関する課題
a) 津波堆積土の鉛直方向・水平方向の分布特性（＊現地調査 3.2 節参照）
b) 防潮堤，盛土などの背面の落堀の構造特性（＊現地調査 3.3 節参照）
c) 越流による盛土の裏のりの侵食が表層的である理由
d) 越流下の盛土内の空気相の封じ込め，空気圧上昇の有無と程度
e) 越流による裏のり尻・のり先の基礎地盤の侵食機構

94 第 3 章 津波による現象から学ぶ

  f) 越流による盛土の安定性の変化の有無と程度

  g) 津波廃棄物の利活用と適用性評価

 B. 復旧・復興時に提起された課題

  (1) 津波に関する政策に関する課題

   a) 多重防御の技術的可能性と対応策

   b) 高台移転・避難の技術的可能性と対応策

   c) 防潮堤などの津波に対する粘り強さの定義

  (2) 地盤工学に関する課題

   a) 盛土の広域多重防御特性

   b) 盛土の狭域多重防御特性

 以上の課題のうち，現地調査により提起された地盤工学に関する課題および復旧・復興時に提起された課題に関して，第 4 章以降で詳細に検証する。

参考文献

1) 常田賢一，谷本隆介：2011 年東北地方太平洋沖地震の実被害に学ぶ土盛構造の耐津波特性とその活用，第 31 回土木学会地震工学研究発表会講演論文集，2–107, pp.1–15, 2011.

2) 高橋重雄，他：2011 年東日本大震災による港湾・海岸・空港の地震・津波被害に関する調査速報，港湾空港技術研究所資料，No.1231, 2011.

3) 柴山知也，松丸亮，Miguel Esteban，三上貴仁：宮城県・福島県津波被害調査，土木学会東日本大震災震災調査速報会，2011.

4) (独) 産業技術総合研究所活断層・地震研究センター：東北地方太平洋沖地震調査速報，津波堆積物を用いた過去の巨大津波の研究（閲覧 2011.7.16）

5) 常田賢一，Rakhmadyah Bayu，谷本隆介，中山義久：2011 年東北地方太平洋沖地震の津波による堆積土の堆積特性に関する調査，土木学会論文集 A1, Vol.69, No.4, A1S–0178, 2013.

6) 仙台市：津波被災農地に堆積した土砂の調査結果（速報値）について，仙台東部地区農業災害復興連絡会，第 6 回連絡会，資料 10, 2011.8.9.

7) 北村晃寿，若山典央：宮城県仙台平野大沼周辺における遡上した津波堆積物の調査，静岡大学地球科学研究報告，38, pp.1–2, 2011.

8) 高野邦夫，大内学，新山雅憲，伊藤靖雄，中倉弘道：東北地方太平洋沖地震の津波

堆積物，東北地質調査業協会協会誌「大地」，52 号，技術報告，pp.30–39，2012.

9) Szczucinski, W.: The post-depositional change of the onshore 2004 tsunami deposits on the Andaman Sea coast of Thailand, Nat Hazards, DOTI 10.1007/s11069–011–9956–8, open access at Springerlink.com, published online, 31 August 2011.

10) 澤井祐紀，宍倉正展，小松原純子：ハンドコアラーを用いた宮城県仙台平野（仙台市・名取市・岩沼市・亘理町・山元町）における古津波痕跡調査，活断層・古地震研究報告，第 8 号，pp.17–70，2008.

11) 常田賢一，谷本隆介：2011 年東北地方太平洋沖地震における土盛構造の耐津波特性および落堀の形成特性，土木学会論文集 A1（構造・地震工学）Vol.68（2012）No.4，地震工学論文集第 31–b 巻，pp.1091–1112，2012.

12) 国土交通省近畿地方整備局：平成 16 年 10 月台風 23 号による災害について（速報）

13) 中島秀雄：図説 河川堤防，技報堂出版 (株)，183p. 2003.

14) 宇多高明，酒井和也，三波俊郎：津波越流による堤防背後における大溝の形成と堤防裏のりの吸出し破壊，土木技術資料，第 53 巻，第 11 号，pp.60–63，2011.

第4章 津波防災の姿勢を 明確にする

4.1 中央防災会議の戦略

中央防災会議は，3.11地震の3ヶ月後の6月26日に中間提言[1]を行い，同年9月28日に報告[2]を出している。同報告において，本書が対象にする，海岸保全施設の整備あるいは盛土の利活用に関係する事項は，以下の通りである。

まず，津波対策を構築する際に今後の想定すべき津波を明示しているが，基本的考え方は，"基本的に2つのレベルの津波を想定する必要がある"とし，"住民避難を柱とした総合的防災対策を構築する上で想定する津波である。…中略…発生頻度はきわめて低いものの，発生すれば甚大な被害をもたらす最大クラスの津波"および"防波堤など構造物によって津波の内陸への浸入を防ぐ海岸保全施設等の建設を行う上で想定する津波である。最大クラスの津波に比べて発生頻度は高く，津波高は低いものの大きな被害をもたらす津波"に区分している。なお，3.11津波は前者に相当するとされている。

また，海岸保全施設等による対策について，"従前より整備されてきた海岸保全施設等は，比較的発生頻度の高い津波等を想定してきたものであり，一定の津波高までの被害抑止には効果を発揮してきた。しかし，今回の災害では設計対象の津波高をはるかに超える津波が襲来してきたことから，水位低減，津波到達時間の遅延，海岸線の維持などで一定の効果がみられたものの，海岸保全施設等の多くが被災し，背後地において甚大な津波被害が生じた"とし，"最大クラスの津波に備えて，海岸保全施設等の整備の対象とする津波高を大幅に高

くすることは，施設整備に必要な費用，海岸の環境や利用に及ぼす影響などの観点から現実的ではない。従って，人命保護に加え，住民財産の保護，地域の経済活動の安定化，効率的な生産拠点の確保の観点から，引き続き，比較的発生頻度の高い一定程度の津波高に対して海岸保全施設等の整備を進めていくことが求められる"としている。他方，"設計対象の津波高を超えた場合でも施設の効果が粘り強く発揮できるような構造物の技術開発を進め，整備していくことが必要である"としている。

さらに，津波被害を軽減するための対策について，基本的考え方は"最大クラスの津波に対しては，被害の最小化を主眼とする「減災」の考え方に基づき，対策を講ずることが重要である。そのため，海岸保全施設等のハード対策によって津波による被害をできるだけ軽減するとともに，それを超える津波に対しては，防災教育の徹底やハザードマップの整備など，避難することを中心とするソフト対策を重視しなければならない"としている。

また，"津波からの避難を容易にするためには，海岸保全施設等の整備に加えて，交通インフラなどを活用した2線堤の整備，土地のかさ上げ，避難場所・津波避難ビル等や避難路・避難階段の整備，浸水リスクを考慮した土地利用・建築規制などを組み合わせ，地域の状況に応じて適切に実施する必要がある"としている。

以上の中央防災会議の報告によれば，発生頻度はきわめて低いものの，発生すれば甚大な被害をもたらす最大クラスの津波と最大クラスの津波に比べて発生頻度は高く，津波高は低いものの大きな被害をもたらす津波の2タイプの津波が想定されたが，前者はレベル2津波，後者はレベル1津波と呼ばれる。また，防潮堤などの海岸保全施設の役割として，レベル1津波に対しては被害をできるだけ軽減し，レベル2津波に対しては，施設の効果が粘り強く発揮されるようにすることが求められている。さらに，レベル2津波では，避難によるソフト対策を重視している。

以上の国の復興戦略を受けて，例えば，宮城城県は，被災した沿岸部の15市町を三陸地域，石巻・松島地域および仙台湾南部地域に3区分して復興イメー

図 4.1 宮城県の地域特性に基づく復興街づくり構想

ジを示した「宮城県震災復興計画」の第 1 次案をまとめ，2011 年 6 月 3 日の震災復興会議の第 2 回会合で公表している．図 4.1 は概念図[3)]であるが，平地が少ない三陸地域は，住宅の高台への移転や職住分離を基本とし，海岸付近は避難路や避難ビルを確保したうえで漁港を中心に整備し，水産業の振興を図るため，漁港は集約して再編する．一方，平地が広がる仙台湾南部地域は，最前線に海岸堤防や防災緑地を整備して津波を防ぐとともに，高盛土構造の道路や鉄道を造ることで，多重的に防御する．さらに，両者の中間に位置する石巻・松島地域は，三陸地域と同様に高台移転や職住分離を基本とするが，高台の確保が難しい地域もあるため，そうした地域では，堤防のかさ上げや高盛土構造の道路や鉄道を築くことで津波や地盤沈下による浸水被害を防ぐ．

　宮城県以外の自治体においても，今後の復興のための街づくり計画では，図4.2 の高台移転と多重防御が 2 つの柱になっており，それぞれの地域特性を踏まえた計画の立案，地元調整などが進みつつあるが，第 11 章で取組みの事例を示す．

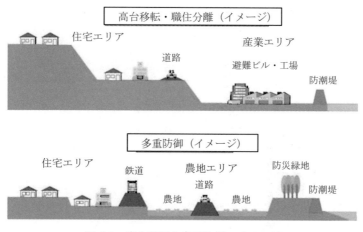

図 4.2　高台移転と多重防御のイメージ

4.2　粘り強さとは

　防潮堤などの海岸保全施設の復旧・復興に際しては，中央防災会議で明示された防潮堤の"粘り強さ"が，特に意識されるようになった。これは，予想を超える津波外力に治して，"防災"の姿勢で臨むことは難しいことを認識し，できるだけ被害を減らす"減災"の姿勢を言い表している。そのため，"粘り強さ"はハード対策を考える前提になり，計画，設計などの方針を決定するためには，定義の明確化が必要である。

　ここで，津波による防潮堤などの侵食に関する"粘り強さ（Toughness）"は，破壊の仕方や程度により，図 4.3 の 4 つに区分できる。

　同図のように，"粘り強い"の一般的な認識は，"侵食するも，破壊に時間がかかる"，言いかえると"直ぐに壊れない"である。しかし，これは，いずれ侵食により壊れるが，壊れるまで粘り，時間がかかる…の意味と受け取れる。このような粘り強さは，最低限として必要ではあるが，望ましい"粘り強さ"は，

"侵食するも，基本構造は破壊しない"ことである。

ここで，津波の被害によれば，津波に係わる基本構造とは"高さ"である。つまり，津波対策の"粘り強さ"は，"津波による設計条件を超える外力により変状し，損傷しても，基本構造である防潮堤などの高さが，所定（設計時）の位置で安定的に保持されること"が望ましい。

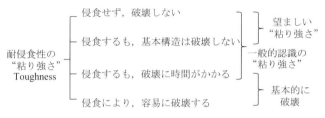

図 4.3　耐侵食性に関する"粘り強さ"の区分

4.3　津波防潮の評価の視点

津波のハード対策では，構造機能だけが評価の視点ではなく，設置される場所の自然環境あるいは社会的環境の視点も必要である。しかし，現在は，構造機能の評価が中心であるとともに，評価項目および評価方法は，必ずしも系統化されておらず，ハード対策が社会的に受け入れられるためには，多面的な評価が必要である。

ここで，実務上，考慮すべき評価項目は，構造機能を含めた以下の8つが考えられる[4]が，地域，場所によって各項目の要否，軽重があるので，適宜，判断が必要である。

(1) 構造機能：外力（高潮，地震動，津波，気象など）に対して，所要の安定性および機能性を保有すること
(2) 耐久性：経年による構造の変状，損傷が，所要の構造機能の安定性に影響しないこと

102　第 4 章　津波防災の姿勢を明確にする

(3) 点検性・補修性：日常的管理が容易であるとともに，経年による構造の変状，損傷が容易に検知でき，補修，補強により容易に回復できること

(4) 津波減勢性：背後地に対して，津波の影響（浸水深，流速など）が低減できること

(5) 海陸交流性：海域や海浜の利用あるいはそれらからの陸側への退避を阻害せず，容易であること

(6) 景観性・自然性：景観や生態の阻害が少なく，さらには向上，創出し，自然化が図れること

(7) 空間利用性：堤体部およびその下部，上空などの空間の多機能化，多目的利用が図れること

(8) 経済性：当初の建設および永年のメンテナンスにおいて，経済的であること

ここで，3.11 津波の復興に際しては，計画される防潮堤の構造について，将来の津波防災，地域の生産・生活の活動のいずれを優先するかが課題になっており，地域によっては理解が得られていないのが実情である。その原因は，コンクリート造の防潮堤が相当な高さになるため，観光資源である景観の阻害や漁業などの生産活動に支障を及ぼす懸念があるためである。

そのため，防潮堤には上記の多様な要因が関わり，単に構造機能だけでは解決できない場合があるので，防潮堤の計画に際しては，地域性を重視して，上記の多面的な評価に基づいた検討が望まれる。

4.4　性能評価の視点

防潮堤などの防潮構造を考える場合，性能評価が必要になるが，そのためには，津波による防潮堤などの被害レベルを知ることが前提である。

4.4 性能評価の視点

　第2章の3.11津波の現地調査によれば，盛土を含めた防潮堤などの諸構造物の被害レベルに差異があることが分かる。つまり，津波の被害レベルは，構造的な機能（以下，構造機能）の被害程度によると，次のレベルSからレベルDまで，被害程度の大きい方から5つに区分できる[4]。そのため，防潮堤などの計画，設計では，目標とする被害レベルを認識し，明示することが必要である。

　被害レベルS：表のり，天端の損傷，決壊により，高さが喪失あるいは確保が危ういことから，基本的な構造機能は完全あるいはほぼ喪失する（写真4.1）

　被害レベルA：裏のり，裏のり先の一部あるいは全部が侵食あるいは流出しても，表のり，天端が残留し，基本的な構造機能は最低限，確保される（写真4.2）

　被害レベルB：裏のりの表面侵食，ブロックの飛散，一部欠損，裏のり先の侵食があっても，基本的な構造機能は確保される（写真4.3）

　被害レベルC：裏のり先の侵食程度であり，基本的な構造機能は十分に確保される（写真4.4）

写真 4.1　被害レベルSの防潮堤

写真 4.2　被害レベルAの防潮堤

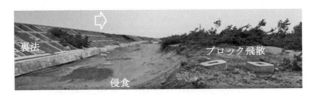

写真 4.3 被害レベル B の防潮堤

写真 4.4 被害レベル C の防潮堤

写真 4.5 被害レベル D の防潮堤

被害レベル D： 損傷は皆無であり，基本構造の機能は通常通り確保される（写真 4.5）

さて，性能を考えた防潮堤の設計では，想定する防潮堤の被害レベルを明確にすることが必要である．被害レベルと地震動と津波の両方のレベルとの関係は，図 4.4 の概念で表わせる[4]．つまり，地震動あるいは津波のレベル 1 では，地震動は中小地震動であり，津波は越流せず，津波対策は高潮対策に包含される．次に，レベル 2 について，地震動は大，中，小の 3 区分，津波は大規模，中規模，小規模の 3 区分として，それぞれを対応させる．これらのレベル 2 の外力の規模の増加に伴って，被害レベルが上がる．

4.4 性能評価の視点

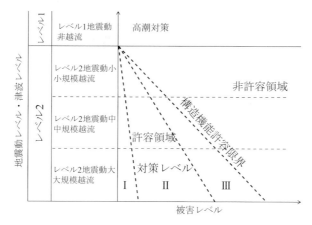

図 4.4 地震動レベルと津波レベルを考慮した防潮堤の被害レベルの関係

ここで，設計の目標を明確にするために，"粘り強さ"に関わる構造機能の被害レベルの許容領域と非許容領域を考え，両領域の境界を構造機能許容限界とする。この構造機能許容限界は，図 4.3 の望ましい"粘り強さ"の有無の境界であり，津波対策は許容領域の構造機能で考える。ここで，許容領域には幅があるので，想定する被害レベルに応じて，対策レベル，言いかえれば要求レベルが変わる。そして，設計などで目標とする許容領域での対策レベルあるいは要求レベルを図のように，I, II および III の 3 区分として，それぞれが目標とする被害レベルを，次のように対応付ける。

対策レベル I ： 変状・損傷の規模を極力，低減する姿勢であり，被害レベル D を目標とする

対策レベル II ： 対策レベル I と同 III の間の姿勢であり，被害レベル C〜B を目標とする

対策レベル III ： 変状・損傷の規模を許容限界内にする姿勢であり，被害レベル A を目標とする

例えば，3.11 津波の復興では，仙台平野の海岸に整備された防潮堤は，写真

写真 4.6 対策レベルⅠの防潮堤の例

写真 4.7 対策レベルⅢの防潮堤の例

4.6のように，津波により飛散しないように重量化したコンクリートブロックの3面張り構造に加えて，越流による侵食を防ぐための裏のり先の地盤改良構造になっている．言いかえると，この防潮堤は構造機能許容限界内にあり，対策レベルⅠに相当するが，高機能ではあるものの，高コストである．

他方，3.11津波で軽微な被害であった写真2.62の堤防は，写真4.7のように復旧されている．同堤防も構造機能許容限界内にあり，対策レベルⅢに相当するが，越流しても破堤しない所要機能を保持しており，かつ，低コストである．

なお，構造機能許容限界内のいずれの対策レベルで設計するかは，それぞれの状況に応じて事業者が判断することが必要である．

4.5 多重防御

4.1節では多重防御が津波対策の柱の一つとされたが，本文では，さらに"広

域多重防御"と"狭域多重防御"に区分する。一般的には，海岸から内陸に至る広域での多重化であるが，本文が主対象とする防潮盛土では，沿岸部の石油コンビナートなどの埋立地内における多重化も考えられるために，新たな視点として"広域"と"狭域"に分類した。それぞれの多重化のイメージは，以下の通りである。

4.5.1 広域多重防御

図4.2のように，海岸から内陸までの広域において，防潮堤，保安林，道路盛土，鉄道盛土などの施設により，津波の浸水を防止，抑制する多重の防御である。範囲は，通常，津波が到達すると予想される海岸から数kmまでである。また，各防御施設の管理者が異なるのが特徴であり，各施設の防潮，浸水抑制の機能分担の調整が必要である。しかし，わが国では管理が縦割りになっているのが通常であり，実現が困難な要因でもある。

なお，多重防御の具体化は，今後の課題であるが，3.11津波の際に，道路盛土と鉄道盛土による多重防御の事例があり，その検証は10.1節で行う。

4.5.2 狭域多重防御

図4.5のイメージのように，沿岸部の埋立地に立地した石油やガスのコンビナートの敷地内において，複数の盛土などの施設による多重による防御である。範囲は数百mの規模であるが，施設，敷地の管理者は単一であることが多いの

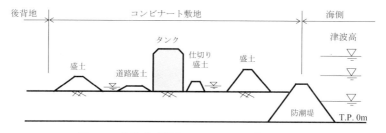

図4.5 狭域多重防御のイメージ：盛土の場合

で，縦割りによる弊害の心配はない．石油コンビナートにおける盛土の効果，活用の可能性に関しては，10.2 節で検証する．

4.6　盛土の位置づけ

前節までは，津波防潮に関する一般的事項であるが，本節では本文の対象である盛土による防潮堤（以下，防潮盛土と呼ぶ）に焦点を当て，その特異性を考察する．

さて，盛土に関わる広義の "粘り強さ（Toughness）" は図 4.6 で整理できるが，防潮盛土には耐侵食性の他，難透水性，津波抑制性，津波減勢性および持続性の多様な "粘り強さ" が期待できる．

通常，防潮堤や防波堤などで議論される "粘り強さ" は，ほとんどが耐侵食性である．従って，図 4.6 の多様な "粘り強さ" は，従来のコンクリートを主構造とする防潮堤にはない，盛土に固有なものであるので，それを理解した活用が必要であり，有効である．

図 4.6 のうち，耐侵食性，難透水性，抑制性および減勢性については，次章以降で検証する．なお，持続性については，盛土は土を主体とするため，特に，津波に対する備えとする場合に課題となる．長年月の時間経過によっても，コ

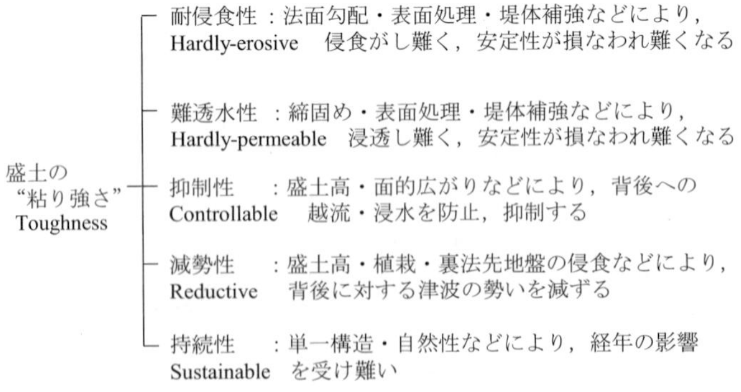

盛土の
"粘り強さ"
Toughness

- 耐侵食性 ：法面勾配・表面処理・堤体補強などにより，
  Hardly-erosive　侵食がし難く，安定性が損なわれ難くなる

- 難透水性 ：締固め・表面処理・堤体補強などにより，
  Hardly-permeable　浸透し難く，安定性が損なわれ難くなる

- 抑制性 ：盛土高・面的広がりなどにより，背後への
  Controllable　越流・浸水を防止，抑制する

- 減勢性 ：盛土高・植栽・裏法先地盤の侵食などにより，
  Reductive　背後に対する津波の勢いを減ずる

- 持続性 ：単一構造・自然性などにより，経年の影響
  Sustainable　を受け難い

図 4.6　盛土の広義かつ多様な "粘り強さ"

ンクリート構造のように，劣化はし難いことによる。

さて，4.3節で防潮構造の評価のための8つの視点を示したが，防潮盛土ではおおむね以下（表4.1参照）のように評価できる。

(1) 構造機能：津波の越流に対して，表層的な侵食に留まり，破堤に至り難い機能がある。これは，第2章の実例で示唆されたが，難浸透性による表層侵食については，第7章で検証する。

(2) 耐久性：土が主材料であるので，経年による特別な劣化は発生せず，耐久的である。なお，通常，平坦地の台形状の盛土なので，中山間部の道路盛土などと異なり，降雨，地下水の影響を受け難く，劣化の恐れが少ない。

(3) 点検性・補修性：土が主材料であり，一般的に植生が被覆する構造になるが，概観の目視により変状が点検しやすく，変状があっても補修しやすい。

(4) 津波減勢性：越流により破堤に至り難いため，背後地に対する浸水抑制が期待できる。これは，第2章の実例で示唆されたが，裏のり背後に形成される落堀の減勢については，第5章で検証する。

(5) 海陸交流性：盛土の場合も海陸間の往来のための通路が必要になるが，コンクリート構造と比較して，階段，道路などによる表面部の横断の位置，構造に自由度があり，疎外感が軽減できる。

(6) 景観性・自然性：盛土では，植生被覆が一般的であるので，樹木などによる自然的な景観に優れるとともに，自然環境の保全，創出からも望ましい。

(7) 空間利用性：盛土は広い敷地が必要になるが，オープンスペースとして確保できるので，表面部，堤体内部，上空部，地中部などの空間を，公園，道路，収容空間などとして，多機能かつ多目的な利用が可能である。なお，瓦礫の収容空間として

の利用については，8.4節で例示する。

(8) 経済性：用地の確保の課題はあるが，土を主材料とする構造であるので，地盤改良などによりコストアップになる場合を除いて，初期の建設費が抑制できる。さらに，耐久性があり，補修性も高いために，維持費の抑制ができるので，ライフサイクルコストからも経済的である。

ここで，特に(6)の景観性・自然性については，写真4.8がイメージとして例示できる。これは，建設，植栽後，四半世紀ほど経過した高速道路であるが，のり面の植樹された木々は，相応の木立に成長し，新たな自然空間を形成しており，周囲の景観とも調和している。

以上のように，盛土を防潮，さらには避難，居住の場として利用することは，非常に有益であるので，本文では，津波に対する一つの有力なハード対策として取り上げ，第5～8章において，その具体化のための検証をする。

表4.1 津波対策としての盛土の評価の優位性

評価項目	盛土の優位性
(1) 構造機能（安定性）	粘り強い
(2) 耐久性	半永久的
(3) 点検性・補修性	容易
(4) 津波減勢性	あり
(5) 海陸交流性	容易
(6) 景観性・自然性	植栽・自然化
(7) 空間利用性	多様：上面・内部
(8) 経済性	低LCC（ライフサイクルコスト）

写真4.8 植樹された高速道路の盛土の自然性・景観性

参考文献

1) 中央防災会議：「東北地方太平洋沖地震を教訓とした地震・津波対策に関する専門調査会」中間とりまとめに伴う提言〜今後の津波防災対策の基本的考え方について〜，平成 23 年 6 月 28 日.

2) 中央防災会議：東北地方太平洋沖地震を教訓とした地震・津波対策に関する専門調査会報告，平成 23 年 9 月 28 日.

3) 宮城県：宮城県震災復興計画　第 1 次案，平成 23 年 6 月 3 日.

4) 常田賢一：巨大津波被害から考える盛土の粘り強さと防潮対策としての活用，地盤工学会誌，論説，Vol.62，No.1，pp.6–9，2014.

第5章 盛土による防潮を位置づける

3.11津波を契機に，防潮堤などの破壊メカニズム，津波対策などに関する研究が盛んになっている。本章では，盛土による防潮に関連する他の研究あるいは通常の防潮堤などの構造物との類似点と差異を明確にして，本書が対象とする盛土による防潮の位置付けを明確にする。そのため，津波が関わる工学分野と関連研究を概観するとともに，津波時の盛土，防潮堤と洪水時の堤防との類似点と差異を比較，考察する。

5.1 津波が関わる工学

第2章で取り上げた津波被害では，多様な津波現象が発生しているが，現象の解明，具体的な津波対策の検討のためには，各現象と工学分野の関係を把握することが必要である。

元来，津波は海域の現象であり，海岸工学の範疇であるが，津波流が内陸に及ぶ場合は，多様な現象が誘発されるので，地盤工学などの他分野に深く関係する。そのため，本書が対象とする盛土による防潮における諸現象でも，海岸工学の他，地盤工学，河川工学など，図5.1の主な4分野が関係する。

同図のように，海岸工学が関係する現象は，津波の伝播とそれにより派生する海岸の侵食，防潮堤の越流による破堤と落堀の発生などがある。また，地盤工学では，津波流による盛土の侵食，落堀の発生，津波堆積土などがある。さらに，河川工学に関係する現象は，津波の遡上，堤防の越流による侵食と落堀の発生などがある。その他の現象としては，津波流による保安林の流出，表層

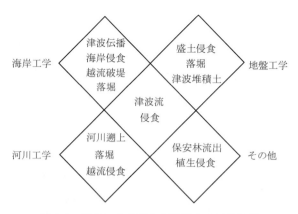

図 5.1 津波による現象と関係する工学分野

部の植生の侵食がある。

なお，同図では，海岸工学に越流破堤と落堀を入れたが，元来，海岸工学の姿勢は，防潮堤を高くして波を陸地に浸水させないことが基本であるので，従来，これらの現象は想定外とも言える。

ここで，上記の4分野に共通する課題を図5.1の中央に示すが，外力としての"津波流"とそれにより派生する"侵食"であり，4分野のいずれにおいても現象解明の必須要件である。

なお，津波の現象には，図5.1の分野の他，橋の被害に関わる橋梁工学，建築物の被害に関わる建築（工）学など，多様な工学分野が関係しており，津波防災のためには，多様な工学分野が連携して，総合力で取り組むことが必要である。

5.2 盛土による防潮の関連研究

5.2.1 研究機関の取組み

粘り強い防潮堤に関する研究に取り組んでいる研究機関は，産学官の多岐に渡る。しかし，すべての研究機関を紹介することはできないので，まず，代表的な研究機関である国土交通省国土技術政策総合研究所の研究の内容，特徴お

および成果を示し，津波の防潮に関わる課題を把握する。次に，主な研究機関の最近の研究課題を示し，取組みの状況を示す。

(1) 国土技術政策総合研究所による課題

国土交通省国土技術政策総合研究所（以下，国総研）は，3.11 津波後の仙台湾南部海岸において国により実施される海岸堤防の復旧のために，中央防災会議の報告で明示された，"海岸堤防が破壊，倒壊する場合でも施設の効果が粘り強く発揮できるような構造" を実験的に検討し，2012 年 5 月に構造検討（第 1 報）[1] と 2012 年 8 月に構造検討（第 2 報）[2] を提示し，整備すべき防潮堤構造の一つを示した。

同所の検討は，堤防の越流に関する基本事項を含み，本書および他機関の研究を参照する際の参考になるので，著者の判断により主旨を要約する。

まず，構造検討の主な観点は，通常の海岸堤防の構造に，1) 裏のり尻部の保護工設置による洗掘抵抗性の向上，2) 裏のり被覆工等の部材厚の確保等による流失抵抗性の向上である。なお，盛土により築造された台形断面を基本とし，その表面（表のり，天端，裏のり）を被覆した 3 面張り構造を基本とする。

検証は，構造物実験水路と高落差実験水路の実験によるが，実物に対する模型は，前者では縮尺 1/25，流速の縮尺 1/5，後者では縮尺 1/2，流速の縮尺約 1/1.41 である。津波の実験では越流時間の再現が重要であるが，この実験では越流時間を 10 分とした水位波形で，複数の最大越流水深を設定している。

実験結果による，粘り強い構造のための留意点は，以下の通りである。

(a) 裏のり，裏のり尻での高流速の発生

高さ 24cm（現地スケール，以下同じ，6m）と高さ 36cm（9m）の堤防模型では，断面平均の流速は，裏のりで 200cm/s（10m/s）程度，裏のり尻で 250～300cm/s（12.5～15.0m/s）である。このため，速い流れによる裏のり尻の洗掘および被覆工の流失への対応の必要性を指摘している。

(b) 裏のり尻での洗掘と対策

　　高さ 36cm（9m）の堤防模型の裏のり尻に設置した基礎工の近傍の洗掘深は，越流水深とともに大きくなり，越流水深 8cm で 7cm（1.75m），越流水深 24cm（6m）で 12cm（3m）である。また，基礎工が基盤を失い，堤体土が抜け出す洗掘深について，越流水深 8cm（2m）辺りから危険性が顕著に増大する。

　　なお，盛土材料は粒径 0.3mm のほぼ均一な砂である。そのため，実スケールの粒径（7.5mm）は大きく，実験の洗掘がやや小さめになる可能性，他方，現地材料に粘着性があると実験の方が洗掘しやすい可能性に言及している。

　　さらに，のり尻で越流水を跳ねさせる基礎工に関して，裏のりの越流水の流向を地盤に向かう方向から水平方向に変えて洗掘を低減すること，裏のり尻の高流速および流向の変化により基礎工に流体力，浮力，揚圧力が作用し，基礎工の変形や不安定化，地盤の変形や吸い出しが生じること，越流水を跳ねても基礎工末端での洗掘が発生するので，この洗掘が基礎工下の地盤の侵食に繋がらない工夫をすることを指摘している。

(c) 裏のり被覆工の不陸による不安定化と対策

　　裏のり被覆工に凹凸が生じると，流下方向に抗力が発生し不安定化するので，不陸を作らない構造にする。不陸の原因は，裏のり被覆工の下の土砂の吸い出し，地震動，圧密等の経年変化である。なお，ブロック張りの裏のり被覆工の裏込めは表のり被覆工に準じて 50cm 以上とすると，吸い出しはある程度抑制できる。

(d) 被覆工の粗度の影響と扱い

　　津波時には，被覆工の粗度により流体力が作用し，安定性を損なう恐れがある。一方，粗度は越流水を減勢する効果があり，裏のり尻での洗掘の緩和も考えられるが，現時点では粗度付けはしない方がよい。

(e) 揚圧力の発生と対応

　　津波により海側の水位が上昇すると，連動して堤体下の浸潤面が上昇

を始め，浸潤面が堤体下部に達する。そのため，被覆工が不透過・不透気構造であると，被覆工と浸潤面に囲まれた堤体に空気が残留し，浸潤面の上昇により封入された空気圧が上昇する。この空気圧は堤体下部からの水圧に匹敵し，被覆工に危険なレベルの揚圧力が作用するので，被覆工の透過性・透気性が必要である。

(f) 堤防裏のり尻での浸透水の浸出と対応

津波の越流水位が堤防天端まで降下した時点で，裏のり尻付近の浸潤線が高くなり，浸透水が裏のり尻付近から浸出するので，浸潤線の上昇の低減が必要である。一方，基礎工の水密性，規模あるいは基礎工周りの土の改良などにより浸透性が低下すると，浸潤線の上昇を促すことがある。

(g) 裏のり肩での負圧の発生と対応

天端被覆工と裏のり被覆工との接合部の裏のり肩付近で，越流水の静水圧を大きく下回り，さらに負圧（大気圧を下回る圧力）が発生する。この負圧対策として裏のり肩と天端の一体化があり，その範囲を負圧の領域と負圧でない領域を合わせたブロック単位にすると，全体としての不安定化が緩和される。

以上が（第 1 報）の主旨であり，次の 2 点が（第 2 報）の新たな知見である。

(a) 裏のり肩でのピエゾ水頭の低下，上昇の範囲

固定床の実験で，天端から裏のり尻下流までのピエゾ水頭は，のり肩で局所的に低下，のり尻で局所的に上昇する。また，越流水深が大きくなると，ピエゾ水頭の大きさや低下，上昇の範囲が増加する。ここで，低下範囲は，越流水深 2m で長さ（現地換算値）2m 程度，越流水深 10m で同 12m 程度である。一方，上昇範囲は，越流水深 2m で同 3m 程度，越流水深 10m で同 20m 以上である。

(b) 地盤改良による基礎工近傍の洗掘対策

基礎工近傍の洗掘対策として，基礎工（実換算値：幅 2.25m，厚さ 1m）

の陸側に上層改良層（同：幅 2.25m，厚さ 1m）および基礎工と上層改良層の下部に下層改良層（同：幅 5m，厚さ 1m）の地盤改良を行う。また，ブロック表面の不陸防止のため，上流側と下流側に切り欠きを設けたブロック（現地換算値：厚さ 0.5m，質量 2ton）を噛み合せた構造にする。

地盤改良の意味は，小規模実験および大規模実験の総合的な結果から，基礎工と地盤改良部分が一体的に保護工として機能し，流向を水平に変え，洗掘を裏のり尻から遠ざけるので，裏のり尻からの破壊を発生し難くすることである。

以上の実験結果に基づいて，3 面張り構造のブロック質量を従来の 1ton から 2ton に増加するとともに，裏のり尻の基礎工周りを地盤改良（幅 5m，深さ 2m）した構造が，復旧仕様として採用されている（写真 5.1）。

 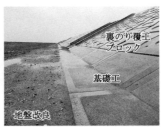

(a) 天端から裏のりの構造　　　　(b) 裏のりから裏のり尻先の構造

写真 5.1　復旧された 3 面張り防潮堤

以上が国総研による構造検討の要点であるが，後述する著者らの水路越流実験（第 6 章および第 7 章）とは，以下の点が異なる。

(a) 堤防模型の高さ（国総研：最大 36cm，著者ら：8cm），越流時間（同：10 分，同：10～20 秒），越流深（同：最大 24cm，同：2～3cm 程度）が異なる。

(b) 堤防模型の土試料の特性（国総研：粒径 0.3mm のほぼ均一な砂，著者

ら：2mm 以下で細粒分を含むシルト質砂）が異なる。

(c) 堤防の基本構造（国総研：3 面張り構造，著者ら：土が主であり，被覆は天端のみで，堤体補強も含む）が異なる。

ここで，重要な点は盛土試料の土質特性であり，均一な砂を用いた国総研の実験で指摘されている，(1) 堤内の浸潤線の上昇，(2) 空気相の封じ込めと圧力上昇，(3) 被覆工への揚圧力の発生，(4) 裏のり尻付近からの浸透水の浸出に関しては，後述の浸透実験（第 7 章）による盛土材の難透水性から推察すると，発生しないあるいは僅かである可能性がある。また，盛土を基本構造とする場合は，被覆工の不安定化や負圧の発生は対象外となり，他方，盛土面の粗度では植生などの影響を考慮することが必要になる。

なお，国総研の上記の実験以外の津波関連の研究には，津波の堤内地側への先行浸水による堤防越流水に対するウォータークッション効果に関する研究[3]，砂丘部の越流に対する植生のり面の耐侵食性に関する研究[4] などが，特筆される。

(2) 他の研究機関の活動と課題

ここでは，2014 年に開催された「地盤工学会特別シンポジウム―東日本大震災を乗り越えて―」において，後述の「地盤構造物耐津波化研究委員会」のセッションで発表している機関[5] を，精力的に活動している研究機関と位置付けて，それらの論文名（筆者加筆）を概観することにより，各機関が認識している課題などを示す。

以下，順不同であるが，学（7 大学），官（3 機関）および産（6 社）の順に，機関名と研究課題を列記する。

(a) 大阪大学：津波の越流時における盛土の浸透特性，粘り強さの向上策

(b) 東京理科大学：小型模型実験によるジオシンセティック補強防潮堤の対津波越流安定性，柔なのり面保護工を用いた防潮堤，GRS（Geosynthetics-Reinforced Soil）河川堤防の耐越流・浸透・洗堀特性，多重 GRS 防潮

堤の津波減災効果，津波越流に対する GRS 一体橋梁の安定性

(c) 九州工業大学：補強土壁盛土の耐津波性能

(d) 九州大学：浸透流に着目したケーソン式混成防波堤の安定性評価，地震と津波に耐える防波堤基礎の複合補強構造の耐震性

(e) 名古屋工業大学：地震—津波による防波堤被害と背後地への津波流入

(f) 防衛大学校：土構造物に対する耐津波作用力評価のための津波遡上時の流体エネルギー消散モデル

(g) 高知大学：揺れと津波の複合災害を受けた河川堤防の被災要因

(h) 港湾空港技術研究所：東日本大震災における津波の伝播・浸水計算

(i) 鉄道総合技術研究所：長時間の津波越流に対する補強土構造物の抵抗性

(j) 農業・食品産業技術総合研究機構：段波津波に粘り強く抵抗する強靭な防潮堤

(k) 鋼管杭・鋼矢板技術協会：2 重鋼矢板壁の津波作用時における構造評価

(l) 竹中工務店：剛塑性有限要素法による防潮堤基礎構造の支持力

(m) 新日鐵住金：鋼壁を用いた防波堤補強工法

(n) 東洋建設：津波越流時の混成堤の安定性

(o) 大成建設：津波波力の評価手法

(p) 五洋建設：2011 年東北地方太平洋沖地震で被災した矢板式岸壁の複合災害に関する解析的検討

以上から，津波防潮に関して，対象とする構造物は防波堤，防潮堤，河川堤防，（補強）盛土など，現象・外力は津波流，波力，浸透，侵食，地震動など，評価の視点は耐津波性，（地震時）安定性など，対策は補強構造，工法である。

5.2.2 調査研究委員会の取組み

3.11 津波後，被害特性や原因の究明，復興，さらに将来危惧されている巨大地震に対する取組みなどに関する多くの研究会，委員会が活動しているが，行政によるもの以外で，著者が関係した学会関係の調査研究委員会を例示する。

(1) 東北地方太平洋沖地震による津波災害特別調査研究委員会

土木学会関西支部は，京都大学防災研究所の間瀬 肇教授を委員長とする特別
調査研究委員会（2011–2013 年）により，東北地方太平洋沖地震による津波災
害に関する調査研究を実施し，以下の目次のような幅広い課題に関する研究結
果および将来の南海・東南海地震に対する津波減災のための提言をまとめて報
告している[6]。

第 1 章　東北地方太平洋沖地震津波の被害から見る課題と対策
第 2 章　津波の発生・伝播機構に関する調査・研究結果
第 3 章　沿岸域・陸域における津波挙動解析に関する調査・研究結果
第 4 章　被災時，復旧・復興時の対応に関する調査・研究結果
第 5 章　平時の対応に関する調査・研究結果
第 6 章　津波減災のための提言

(2) 地盤構造物耐津波化研究委員会

地盤工学会は，3.11 地震の後，地盤変状メカニズム研究委員会，土構造物耐
震化研究委員会，地盤構造物耐津波化研究委員会および地盤環境研究委員会の
4 つの研究委員会を設置して，地盤工学から地震および津波に関する研究に取
り組み，2014 年の「地盤工学会特別シンポジウム—東日本大震災を乗り越え
て—」で成果報告をしている。

研究委員会の一つである地盤構造物耐津波化研究委員会（平成 23–25 年）は，
東京理科大学の菊池喜昭教授を委員長として，津波による防波堤，防潮堤・閘
門の破壊・崩壊メカニズム，沿岸構造物における地震動と津波による複合被害
メカニズム，地盤構造物の耐津波構造および耐津波強化工法を課題とし，津
波の水理特性 WG，洗掘・浸食 WG，防波堤 WG，防潮堤 WG および複合災
害 WG の 4 つの WG で研究を実施し，以下の成果を取りまとめて報告してい
る[5]。

1. 研究概要
2. 津波の水理特性
3. 津波による洗掘侵食
4. 防波堤, 防潮堤
5. 岸壁

(3) 粘り強い強化防潮堤開発委員会

ジオシンセティック学会日本支部は, 東京理科大学の菊池喜昭教授を委員長とした開発委員会を設置し, 粘り強い防潮堤の一つの構造として, ジオテキスタイルを用いた被覆コンクリートと盛土の一体化およびジオテキスタイルの面状補強による耐震性の向上などによる強化防潮堤 (図5.2) の構築に関する基本的な考え方やその手法, 留意事項などをまとめ, 「粘り強い強化防潮堤の設計・施工マニュアル (案)」を刊行している[7]。

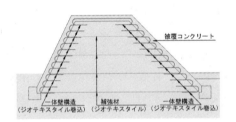

図 5.2 強化防潮堤の構造図[7]

(4) 東日本大震災報告書編纂委員会

(一財) 災害科学研究所は, 東北地方太平洋沖地震による地震動, 津波による被害およびその対応の実態を体系的に整理し, 教訓として取りまとめるとともに, 将来, 危惧されている類似の巨大地震 (特に, 南海トラフ巨大地震) に対する備えに対する課題を提言することを目的として, 東日本大震災報告書を刊行[8]している。報告書は, 要約編とDVD版による報告書の2部構成であり, 要

約編の目次は，下記の通りであり，詳細は DVD 版の報告書に掲載されている。

- A. 3.11 巨大地震からの教訓
  1. 地震・地震動，津波および人的被害の特徴および課題
  2. 地震動による構造物の被害の特徴および課題
  3. 津波による構造物の被害の特徴および課題
  4. 原子力発電所の被災
  5. 救助・救援および復興
- B. 将来の南海トラフ巨大地震に対する姿勢
  1. 東海・東南海・南海地震の動き・活動
  2. 南海トラフ地震など巨大地震に対する提言報告書：DVD 版の目次

なお，上記の他には，地盤工学会関西支部の「南海トラフ巨大地震に関する被害予測と防災対策研究委員会（委員長：三村 衛，京都大学）」（2014–2016 年度）において，部会 1：地盤特性と被害予測，部会 2：構造物の耐震性，部会 3：被災後のロジスティックスの 3 部会が活動中である。

5.3 防潮堤と盛土の差異

防潮堤は，通常，台風などの高波，高潮による波浪の抑制が目的であるが，当然，津波に対する防潮機能もある。ここで，防潮とは，波浪による海面上昇を考慮した堤防高により，内陸への波浪の流入を防止することである。従って，河川の堤防と同様に，設計の基本思想は，想定する海面上昇に見合った堤防高として，それを保持することであり，堤防を越えて流れ込む越流は想定していない。しかし，現象としては，洪水の堤防の越流と同様に，堤防が未整備であったり，整備の途上で堤防高が不足していたり，想定を超える水位上昇したりすると，越流による浸水が発生する。

従って，防潮堤の設計では越流を前提としていないため，越流した場合の裏のりや裏のり先の地盤の侵食は想定していないことになり，海岸工学としては，

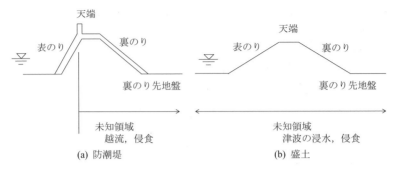

図 5.3　防潮堤と盛土の構造の比較

防潮堤の前面の海岸侵食は研究対象になるが，防潮堤背面の侵食は非対象の未知の領域であったと言える。

一方，盛土には，道路盛土，鉄道盛土，宅地盛土など，陸域の人工構造物として一般的であり，圧密沈下，地震時の斜面のすべり安定などの検討は研究対象であるが，津波流による浸水，侵食は非対象の未知の領域であったと言える。

以上のように，津波流の陸域への浸水については，海岸工学と地盤工学のいずれの領域でも未知，言いかえれば，両工学の境界領域の現象であり，それぞれの工学が連携して取り組むことが必要である。

図 5.3 は，防潮堤と盛土の一般的な構造を比較したものである。防潮堤の内部は土構造であるが，表のり，天端，裏のりはコンクリートブロックなどの被覆により，保護し，強化した構造物である。一方，盛土は基本的に土構造であり，天端は舗装で被覆されている場合があるものの，表のり，裏のりは植生により被覆された人工地形，人工地盤であり，自然物としても扱える。

そのため，上記の防潮堤と盛土の差異によれば，津波に対する防潮構造を考える場合，防潮堤のような構造物とするか，盛土のような自然物にするかの視点がある。本書は，防潮堤としての盛土の活用に視点を当てている。

5.4 洪水時の堤防との差異

　津波による盛土の越流，侵食と類似した現象には，降雨時の洪水による堤防の越流，侵食がある。しかし，越流条件，越流特性などは，津波の越流とは異なることを理解し，区別することが必要である。他方，洪水の越流に対する対応が，津波にも参考になるので，その実態の把握が必要である。

　以上から，本節では，洪水に関わる越流特性，侵食特性，対処法を概観し，津波減災の参考とする。

5.4.1 洪水による越流の特徴

　中島[9]は須賀堯三・橋本宏・石川忠晴の調査報告[10]を引用し，越水したが破堤しなかった堤防の越流水深と越水時間の関係から，越水深60cmで越水時間が3時間の条件に耐えられる堤防が耐越水堤防の一つの目安であるとしている。従って，破堤した堤防の越流水深と越水時間の関係は分からないが，洪水では，浅い越水深で長時間の越水が判断の目安になっている。なお，上記の関係によると，越水深が0.5m程度以下であれば，15時間程度の越水にも耐える場合があること，事例は少ないが，越水時間が30分〜1時間以下での耐越水の越水深は3〜1m以上であることが読み取れる。

　他方，3.11津波による堤防（例：仙台市中村区井土浦地区，写真2.59），道路盛土（例：大槌町浪板地区，写真2.77）によると，越流深は4m，10m程度であり，越流時間は10数分から，最大でも30分程度であり，破堤していない。

　また，上記の越流深と越流時間以外の要因は，堤体の状態である。つまり，洪水では降雨，河川の水位上昇により堤体は浸潤状態にあるが，津波では上記の2地区の堤防，盛土は地下水位より上にあり，不飽和状態にある。ここで，津波の来襲時に洪水が発生しており，堤防が湿潤状態にある場合あるいは不飽和状態にある盛土でも，事前の降雨により湿潤状態にある場合も想定されるが，稀な現象と思われる。仮に，そのような状態が想定される場合は適宜，考慮すればよい。なお，3.11津波の際は降雪が認められているが，事前降雨は無かった。

さらに，堤防の天端が舗装してある場合，洪水の越流に対して耐侵食性があり，破堤し難いと言われている。津波の越流の場合も同様であり，第8章で検証しているが，5.4.3項でも比較，考察する。

以上から，一般的に，津波と洪水とでは，越流の発生特性，堤体の状態において，以下の差異がある。

(a) 津波の越流深は，洪水のそれよりも大きく，3.11津波では10m程度の場合がある。

(b) 津波の越流時間は，洪水のそれよりも短時間であり，3.11津波の第1波では最大でも30分程度である。

(c) 津波の越流時の堤体は，洪水時の湿潤状態と異なり，不飽和状態にある。

(d) 洪水時と同様に，盛土の天端の舗装は津波の越流の侵食抑止の効果がある。

これらの差異および類似点は，後述の津波の越流に対する盛土の耐津波性およびその向上策の検証のために重要な条件となる。

5.4.2 越流を考慮した洗堰・調整池

河川では，洪水時の越流を考慮した堤防構造，つまり洗堰あるいは調整池がある。ここでは，これらの構造および機能などを概観し，津波の越流に対する取組みの参考にする。

事例1：大谷川の洗堰

大垣市西部の大谷川下流部は右岸に輪中があり，大垣市の市街地を洪水から防御するための遊水地があった。1954年から1958年の土地改良事業において堤防が築造されたが，遊水地の締め切りによる大谷川の洪水位の上昇を抑え，破堤被害の防止を目的とする洗堰が右岸堤防に設置されている。写真5.2は2度の嵩上げ後の洗堰であり，延長は110mである。当初の天端高はT.P.7.2m，現在はT.P.8.85mである[11]。

当初の洗堰の構造は3面とも厚さ0.2mのRCコンクリート張であり，0.6m

5.4 洪水時の堤防との差異　　　127

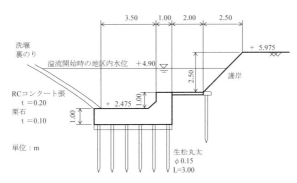

図 5.4　裏のり先の水叩きおよび水路部の構造[11]

写真 5.2　洗堰の全景

写真 5.3　裏のり先の水叩き

の嵩上げでは天端に高さ 0.6m の水切り構造が設置され，1.05m の嵩上げでは表のりに前腹付け盛土，表のりにコンクリート護岸，天端と裏のりはコンクリート張とされた。その結果，HWL9.80m に対する現在の越流深は 0.95m であり，裏のり高 6.4m のウォータークッションに対する落差は 3.95m である（図 5.4）。さらに，1.05m の嵩上げ時に，天端の両端に排気管（写真 5.2）と排気，排水のための孔が設置されている。また，写真 5.2 のように，天端には洗堰内の盛土の沈下に伴う空洞の充填用の注入孔が設置されている。

なお，当該洗堰は建設後，50 年余が経過しているが，写真 5.3 のように RC コンクリート張に発生したクラックは補修がされており，経年劣化を示唆する。

事例 2：庄内川・新川の洗堰

庄内川の右岸では，新川に繋がる堤防に洗堰（延長 56m）が設置されている[12]。2000 年の東海豪雨の際に，洗堰では $270m^3/s$ の越流があり，下流の新川では破堤した。このため，洗堰の 1m 嵩上げ（T.P.9.0m から 10.0m）が実施され，2004 年に完成した（写真 5.4）。これにより，東海豪雨規模の洪水（HWL11.85m）に対して，新川への越流量は $70m^3/s$，越流深は 1.85m である。

越流堤の裏のり構造は，裏のり高 7.2m の勾配が 1：5 の地打ちコンクリート版（厚さ 20cm）であり，のり尻は水叩き（幅 8m，深さ 0.6m）が設置され，その先には鋼矢板（深さ 8m）とカゴマットが設置された。また，格子状に排水管，UV 有孔管（ϕ20cm）が配置され，天端両側に排気管（ϕ20cm）が設置された。

しかし，2011 年 9 月台風 15 号における庄内川流域の出水に伴う越流（$110m^3/s$，越流時間 7 時間程度）により，写真 5.5 のように裏のり下部のコンクリート版

写真 5.4　洗堰の全景

(a) コンクリート版の迫り出し　　(b) カゴマットの転動

写真 5.5　越流による裏のり部の被災[12]

が迫り出し，カゴマットが転動し，裏のりの全面補修が実施された．前者は堤体内への水の浸入を前提とし，跳水に伴って発生する堤体内外水位差と揚圧力による浮き上がり，後者は越流水の流体力による滑動，転動と推定されている．そして，補修では地打ちコンクリートを厚さ40cmのRC構造とし，水叩き部の先には護岸ブロック部（3ton型，6列，幅10.6m）が設置された．さらに，水圧差の低減のため，ウィープホールが裏のり面の下部に配置設置された．

この越流堤は洪水時の堤防の越流を考慮しているが，越流水深は1.85m，裏のり高7.2mであるが，堤内側のHWLは6.85mとされており，定常越流時の落差は3.15mである．

事例3：庄内川小田井遊水地の越流堤

小田井遊水地は庄内川右岸に隣接し，堤防の一部は本堤より低い越流堤である（写真5.6）．本堤の天端高T.P.11.14m，越流堤高T.P.9.10m，HWL9.87mであるので，想定されている越流深は0.77mである．越流堤の延長は219m，堤外側はのり高2.74m，勾配1:2の張りブロック（厚さ30cm），天端は幅5.0mのコンクリート打ち，堤内側はのり高4.3m，勾配1:3.4の張りブロック（厚さ35cm）である．

堤内側ののり先の水叩きは幅6.2m，深さ0.6mのコンクリート造であり，越流時には滞水し，ウォータークッション効果が期待できる．また，越流堤の両側には排気管が設置されている（写真5.7）．

写真5.6 越流堤の全景：右が庄内川，奥の緑地が遊水池

写真 5.7　遊水地側の水叩きなど

　以上の 3 事例の河川堤防における洗堰あるいは越流堤において参考になる知見は，以下の通りである．

(a) 越流深は 0.77〜1.85m，裏のり高は 4.3〜7.2m の範囲にあり，越流水を受ける水叩きが設置され，構造は幅 3.5〜8.6m，深さ 0.6〜1.0m である．
(b) 天端から裏のりにおいて，越流時のコンクリート張構造の迫り出し防止のために，排気孔あるいは排水孔が設置されている．
(c) 盛土部の沈下によるコンクリート張裏側の空洞の発生が危惧される場合があり，対策として空洞充填用の注入孔が設置されている．
(d) 大谷川の洗堰は設置後 50 年余が経過しているが，裏のりの厚さ 20cm の RC コンクリート張構造には亀裂が見られ，経年劣化が顕在化している．

　以上のうち，水叩きの設置，堤体の沈下による空洞発生，コンクリート張構造の経年劣化は，津波に対する"粘り強い"防潮堤の構造においても考慮が必要である．なお，堤内の空気圧の上昇に対する排気孔の設置の要否は，議論が必要と思われる．

5.4.3　洪水による落堀

　津波により防潮堤背後に形成される落堀の構造特性は，3.3 節に示したが，洪水による越流条件，さらに落堀の語源である洪水時に堤外地に形成される侵食痕と比較する[13]．

5.4 洪水時の堤防との差異　　　　131

写真 5.8　破堤箇所の堤外地の落堀：国土交通省関東地方整備局の提供／一部加筆

写真 5.9　堤防天端の越流状況：国土交通省関東地方整備局の提供／加筆

　比較の対象は，2015年9月関東・東北豪雨により，9月10日に越流し，幅200m程度で破堤した鬼怒川の左岸堤防である。写真5.8は破堤箇所の堤内地の様子であるが，浸水による落堀の形成域，言いかえると，侵食域は幅150m程度，延長250m程度である。写真5.9は破堤前の越流状況であるが，津波と異なり，越流深は0.3～0.5m程度と浅い。

　また，越流開始から破堤開始までの越流継続時間は1時間40分程度，破堤開始から破堤区間の拡大終了までは，さらに3時間30分程度，破堤の拡大終了後，堤内地への水の流入が終了するまでは，さらに5時間40分が経過している。従って，越流による浸水開始から終了（滞水時間は除く）までの堤内地に流入している浸水時間は，10時間50分程度である。一方，3.11津波の場合，仙台平野で防潮堤から流入する浸水時間は，最大でも30分程度であるので，洪

水の浸水時間はかなり長時間である。

このような浸水条件により堤内地に形成される落堀は，写真5.8のように，浸水流の方向に沿って線状に形成される．写真5.10は破堤から2週間ほど経過後の落堀の状況例であるが，1.5m程度の浅く，広がりがある侵食面から，さらに局所的に深く侵食している．なお，計測した最大侵食深は4.9m程度であり，仙台平野の落堀（実測：4.6m）とほぼ同一規模である。

ここで，洪水と津波による落堀の形成形態は，図5.5の概念で示せる．つまり，洪水では，堤防から下流方向にある範囲で局部決壊し，浸水の流向に沿って細長い形状で形成される．一方，津波では，防潮堤の全体に渡る越流により，防潮堤の直背後で，ほぼ同一な幅で，防潮堤に沿って同じような形状で形成さ

写真 5.10　落堀の形成状況：9月26日

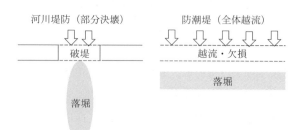

図 5.5　洪水と津波により形成される落堀の比較

5.4 洪水時の堤防との差異

写真 5.11　道路舗装の浸水，侵食状況

れているのが一般的である。これらの違いは，津波は防潮堤の延長方向に同一規模で，一挙かつ一様に落水するためであり，洪水の場合は，ある限られた破堤箇所から集中的に，持続的に流下するためである。このように，洪水と津波では，落堀の形成形態に根本的な違いがあることの認識が必要である。

さて，洪水の浸水状況から，津波の浸水にも関係する知見がある。それは，道路舗装の侵食の抑制効果である。写真 5.11 は，1.4m ほどの浸水深の浸水を受けて 40〜50m ほどの延長が，侵食により決壊した県道 357 号の状況である。ここで注目されるのは，決壊箇所の舗装は流出しているが，侵食に対して抵抗していた様子が見える点である。また，写真 5.11 の決壊していない区間によれば，越流の規模や越流時間の条件によっては"粘り強い"点である。さらに，浸水流方向ののり線の道路は，侵食は僅かで，流出し難い点もある。

津波に対する盛土の天端の舗装の侵食抑制は，第 8 章で検証するが，上記の洪水に対する平坦部の道路の耐侵食性は，津波における背後地の浸水を考える際に参考になる。

5.5 落堀の減勢機能

 津波の越流により防潮堤などの裏のり先に落堀が形成されるが,基礎地盤の侵食により落堀部分が拡大するとともに,ウォータークッションが形成され,越流の減勢が期待される。厳密には,越流時の盛土,基礎地盤の侵食過程を再現するのがよいが,ここではあらかじめ落堀に類似した掘割構造があった場合を想定して,掘割構造の背後地に対する浸水減勢の有無について解析的検討をする[14]。

 解析手法は,沿岸技術研究センター(2001, 2008)[15,16]による二次元数値波動水路(CADMAS-SURF 2D)V5.1 によるダム破壊法である。図 5.6 の高さ 3.9m の盛土の背後に形成された落堀(幅 16.8m,最大洗掘深 4.6m)をあらかじめ設定して"落堀有"とし,裏のり先の地盤が存在する場合を"落堀無"とする。

 図 5.7 は海岸〜盛土〜背後地の二次元モデルであるが,陸上部の相当粗度を0.046 とする。海底部は勾配 1/50,延長 750m,水深 15m,相当粗度 0.012 とする。堤防の海側は,湿地などの延長 550m のゾーンを設ける。なお,汀線から 897m の背後は貯水構造にし,引き波が生じないようにする。入力する津波高は,汀線で 10m を再現するために,図 5.7 のように,ダムの初期水位差を 11m,ダム長を 6,000m とする。なお,落堀の影響を評価する着目地点は,落堀端から 20m 離れた後方地点とする。

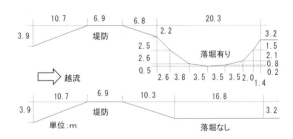

図 5.6 堤防および落堀構造の寸法諸元

5.5 落堀の減勢機能

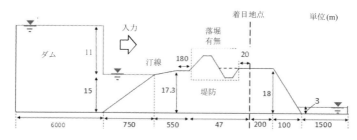

図 5.7　海岸〜堤防〜後背地の二次元解析モデル

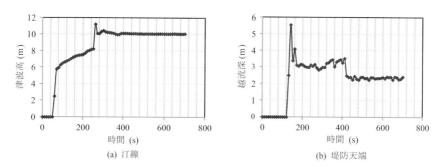

図 5.8　汀線の津波高および堤防天端の越流深の経時変化

図 5.8(a) は汀線での津波高の経時変化であるが，ダム破壊開始後の経過時間 50 秒後から津波高が増加し，270 秒以降で目標の 10m が発現している．また，図 5.8(b) は堤防天端の越流深の経時変化であるが，420 秒を境にして変化しており，420 秒以降の定常状態での越流深は 2.4m である．

図 5.9(a) は着目地点での浸水深の経時変化である．ここでは，定常状態にある 420〜700 秒の時間帯（計測区間と呼ぶ）に着目する．計測区間での浸水深の平均値は"落堀有"で 3.2m，"落堀無"で 1.8m であり，落堀構造により 1.78 倍に増加している．また，図 5.9(b) は着目地点での流速の経時変化である．計測区間の流速の平均値は，"落堀有"で 4.2m/s，"落堀無"で 6.9m/s であり，落堀構造により流速が 0.61 倍に減少している．さらに，図 5.9(c) は着目地点での抗力の経時変化である．なお，抗力は，$F_D = C_D \cdot \rho \cdot u^2 \cdot A$ で算出する．

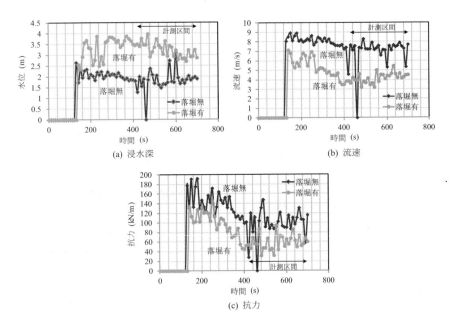

図 5.9 落堀背後の 20m 地点の浸水深，流速，抗力の経時変化

ここに，F_D：抗力（N），C_D：抗力係数（= 2），ρ：水の密度（1030kg/m^3），u：流下方向流速（m/s），A：投影面積（m^2）である．計測区間の単位幅当たりの抗力の平均値は，"落堀有" で 59.1kN/m，"落堀無" で 97.6kN/m であり，落堀構造により抗力が 0.61 倍に減少している．

以上から，落堀構造があると，落堀から 20m 地点の浸水深は増加するが，構造物などに作用する抗力は低減するので，落堀構造に類した構造（例えば，水路など）により，背後地の構造物に対する津波減勢の可能性が示唆される．なお，この減勢の効果は落堀の背後のある程度の範囲（数十 m）に限られるが，背後に保安林などが隣接する場合，保安林などに作用する抗力を低減できる．

参考文献

1) 国土交通省国土技術政策総合研究所：粘り強く効果を発揮する海岸堤防の構造検討（第 1 報），国総研技術速報 No.1, 12p, 2012.

2) 国土交通省国土技術政策総合研究所：粘り強く効果を発揮する海岸堤防の構造検討（第 2 報），国総研技術速報 No.2, 21p, 2012.

3) 福島雅紀，佐野岳生，成田秋義，服部 敦：津波来襲時の河川堤防の被災の程度を分けた要因，土木技術資料，Vol.54, No.6, pp.16–19, 2012.

4) 渡辺国広，諏訪義雄：自然・地域インフラを活かして津波減災をはかる，土木技術資料，Vol.57, No.6, pp.10–13, 2015.

5) 菊池喜昭，他：地盤構造物対津波化研究委員会活動報告，地盤工学会特別シンポジウム—東日本大震災を乗り越えて—, pp.1–10, 2014.

6) (一財) 公益社団法人土木学会関西支部・間瀬 肇・重松孝昌編：東北地方太平洋沖地震による津波被害に学ぶ—南海・東南海地震による津波に備えて—, 247p, 平成 25 年 3 月.

7) 国際ジオシンセティック学会日本支部・ジオテキスタイルによる粘り強い強化防潮堤開発委員会：ジオテキスタイルによる粘り強い強化防潮堤 設計・施工マニュアル（案），155p, 平成 26 年 7 月.

8) 一般財団法人災害科学研究所：巨大地震災害とどう向き合うか—東日本大震災に学び，明日の巨大地震に備える—, 東日本大震災報告書 要約編・DVD 版，平成 26 年 3 月.

9) 中島秀雄：図説 河川堤防，技報堂出版 (株), 183p, 2003.

10) 須賀 堯・橋本 宏・石川忠晴：越水堤防調査最終報告—資料編—（II），土木研究所資料第 2074 号，1984.

11) 岐阜県河川課の資料による.

12) 国土交通省中部地方整備局庄内川河川事務所の資料による.

13) 常田賢一：平成 27 年 9 月関東・東北豪雨による鬼怒川の破堤箇所の現地調査による知見と考察，一般財団法人 災害科学研究所 平成 27 年度災害等緊急調査報告書，2015（http://csi.or.jp/）

14) 谷本隆介，常田賢一，北川秀彦，荒木進歩：津波に対する盛土の耐侵食性および落堀構造の減勢特性の検証，土木学会論文集 B2（海岸工学），Vol. 68, No. 2, P0020, 2012.

15) 財団法人沿岸開発技術研究センター：数値波動水路の研究開発，沿岸開発技術ライブラリー，No.12, 2001.

16) 財団法人沿岸技術研究センター：CADMAS-SURF 実務計算事例集，沿岸開発技術ライブラリー，No.30, 2008.

第6章　盛土の越流侵食を知る

6.1　越流・侵食のメカニズム

　津波の越流による盛土の裏のり面の侵食は，掃流力（本文では，掃流応力と呼ぶ）よる河床の侵食に似ている。しかし，両者は，流れの時間的・空間的な変化，河床やのり面の勾配および侵食される土の含水状態が異なる。つまり，越流による盛土の裏のり面の流れは非定常・不等流であり，のり面勾配は大きく，表層部は不飽和状態にあるが，河床の流れは定常流・等流であり，河床勾配は小さく，河床は飽和状態にある。

　ここで，越流による不飽和状態にある盛土の侵食は，越流水の浸透（あるいは浸潤）で変化する飽和度により影響される堤体土のせん断強度と越流水の掃流応力の大小関係で説明できる[1]。図 6.1 は，浸透による侵食の発生のメカニズムの概念図であり，2 段階に分けてある。(a) 図は，盛土の構築後の不飽和化とせん断強度の関係である。つまり，盛土の構築時の堤体土の設計強度は（安全側を考慮した）飽和度 100％の圧密非排水強度であるが，地下水位より上にある堤体土は，経年により最大乾燥密度が一定のまま不飽和化し，強度が増加した状態（τ_{R1}）にある。ここで，盛土の構築時の飽和度は 100％ではないが，締固め時の飽和度より低下することに変わりはない。

　一方，(b) 図は，越流による掃流応力とせん断強度の関係である。つまり，不飽和状態の堤体土に津波の越流水が浸透すると，浸透域の飽和度が増加し，強度が低下する（τ_{R2}）する。一方，越流により盛土面に作用する掃流応力（τ_L）

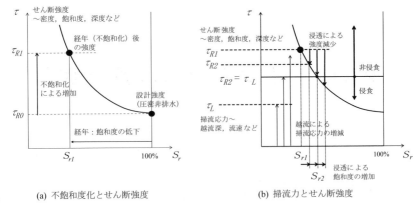

(a) 不飽和度化とせん断強度　　(b) 掃流力とせん断強度

図 6.1　浸透による侵食の発生の概念

はゼロから増加し，減少したせん断強度に一致した時点（$\tau_{R2} = \tau_L$）が侵食の発生の境界になる。ここで，せん断強度は堤体土の浸透の程度（飽和度，浸透深度）によりせん断強度の低下度が異なり，掃流応力も越流水の水深や流速により変動するが，掃流力がせん断応力を越えた状態において，侵食が発生する。そして，浸透が続き，掃流応力がせん断強度以上である限り，侵食は続き，その後，掃流力が減少し，ある浸透状態の強度を下回る（$\tau_{R2} > \tau_L$）と侵食が停止する。

　従って，越流水の盛土内への浸透の難易や規模は，浸透に起因する侵食の難易や規模（深さ）に関係することが想定される。そのため，津波の越流による盛土表層部の侵食は，浸透性による検討が必要であるが，第7章の浸透試験で検証する。

　なお，飽和度とせん断強度の関係について，魚谷ら[2]は盛土の採取試料（粒径2mm以下）を30分圧密した後，3条件の拘束圧による排気排水条件によりせん断速度0.2mm/minで一面せん断試験を実施している。初期間隙比が4条件（0.6, 0.7, 0.8, 0.9），飽和度が3条件（40%，60%，80%）である。

　試験結果から，飽和度40%を基準とした粘着力および内部摩擦角の低下割合

6.2 水路越流実験で侵食を再現

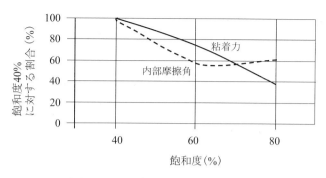

図 6.2 せん断強度と飽和度の関係例

は図 6.2 である。つまり、粘着力は飽和度 40% に対して、同 60% で 3/4 程度，同 80% で 1/3 程度に低下する。他方，本試験では内部摩擦角も影響を受けており，飽和度の上昇に伴い低下するが，飽和度 60% 以上では飽和度の影響は受け難く，低下割合は 80% 程度であり，低下度は粘着力より小さい。

なお，石塚ら[3] の不飽和三軸圧縮試験による粘着力と飽和度の関係は，$Sr = 70 \sim 80\%$ の粘着力は $Sr = 60\%$ の粘着力のおよそ 1/2，$Sr = 90 \sim 100\%$ のおよそ 3 倍であり，$Sr = 80\%$ 以下になると粘着力が飽和度の影響を受けるとしている。

6.2 水路越流実験で侵食を再現

防潮盛土に関する検証を進めるためには、第 2 章の津波の越流による盛土や河川堤防の侵食を室内実験で再現できることが前提である。その可能性を把握するために、水路越流実験を実施している。第 8 章で盛土の構造特性や補強効果に関する水路越流実験[4] を実施しているが、本節は基本形の盛土の越流，侵食特性を考察する。ただし、実験方法は同じであるので、本節で記述する。

6.2.1 実験方法

実験に用いた水路は延長 55m，幅 1.0m であり，諸元は図 6.3 に示す。写真

6.1 は水路内の盛土の設置状況であるが，手前から奥に向かって段波を入力する。なお，盛土の前後にあるブロックは，レーザ計測のため一時的に置かれている。

盛土模型は，図 6.4 の基本形であり，盛土高 80mm，天端幅 140mm，両法の勾配 1：2 であり，底面幅は 460mm である。盛土材は桐生砂（最適含水比 11.4%，最大乾燥密度 $1.98g/cm^3$）あるが，模型の寸法を考慮して，2mm 以下の粒度としている。図 6.5 は粒径加積曲線であり，平均粒径は 0.55mm であるが，細粒分も含む。本節での盛土模型は Dry 状態（含水比 4.6～6.7%）とする。なお，盛土体だけで基礎地盤（の侵食）がない状態の固定床の実験である。

波の発生は，造波板の片押し 1 回によったが，反射波により 2 波目の越流も発生している。入力可能な水位は最大で 20cm 程度であるが，越流時間を長く設定するため，入力水位は 12cm 程度である。

越流の侵食による盛土模型の断面積の変化を把握するため，模型盛土の上方

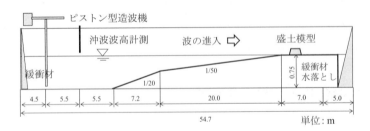

図 6.3　実験用水路：東洋建設 (株) 鳴尾研究所

写真 6.1　水路内の盛土模型

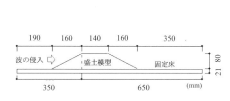
図 6.4　盛土模型の諸元：基本形

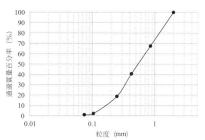
図 6.5　盛土材の粒度分布

でレールに沿って移動するレーザ変位計（計測精度 ±1mm）により，水路幅中央での比高を計測する。

6.2.2　越流，浸透，侵食の再現性

写真 6.2 は越流前後の比較であるが，表のりの侵食は皆無であり，天端から裏のりにかけて侵食している。越流は第 1 波と第 2 波であり，第 2 波の越流は第 1 波の越流後 26～33 秒（平均 30 秒）で到達している。なお，2 波目の越流時間は 1 波目の約半分程度であり，2 波の越流時間の合計は 17.20～21.43 秒（平均 19.20 秒）である。

2 波の越流の前後の盛土断面の形状を比較すると図 6.6 になる。基本形（Dry）の盛土は侵食が顕著であるが，まず裏のりから侵食が進み，それが天端の侵食に

(a) 越流前

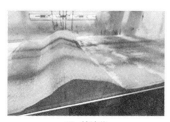
(b) 越流後

写真 6.2　越流による盛土模型の侵食

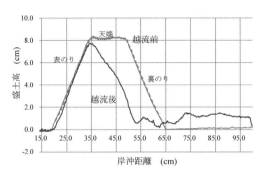

図 6.6　越流前後の盛土模型の断面：Dry 状態

繋がり，その進行に伴って裏のりから天端にかけて侵食が拡大する．また，裏のり尻から 35cm 付近（レーザ計測範囲）までは，流速の減少により侵食土砂が堆積している．

以上の水路越流実験により，盛土模型は小規模（高さ 80mm）であり，越流時間も 20 秒程である制約はあるが，室内模型実験により盛土に対する越流および侵食の再現が可能であることが示唆された．

6.3　浸透が侵食に先行する実験

図 6.1 では，越流により盛土面からの浸透が先行し，飽和度の上昇に伴うせん断強度の低下により侵食が発生するとしたが，そのプロセスを模型実験により検証を試みている[5]．

実験装置と模型を図 6.7(a) に示すが，盛土（高さ 10cm，天端幅 10cm，のり面勾配 4 割）の天端〜裏のり面および背後地盤が再現されている．給水ホースから流量 $0.25\ell/s$ で盛土を越流させて，裏のり面の侵食状況を写真撮影するとともに，浸透は図 6.7(b) の 3 箇所に設置した土壌水分センサー（S1，S2，S3）により飽和度の変化を計測している．盛土材は粒径 2mm 以下の笠間砂（最大乾燥密度 $1.82g/cm^3$，最適含水比 13.2%，透水係数は乾燥密度 $1.76g/cm^3$ で

6.3 浸透が侵食に先行する実験　　145

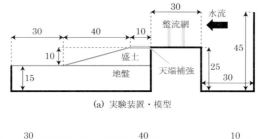

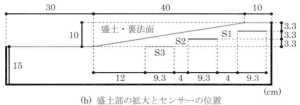

図 6.7　浸透と侵食に関する室内実験

1.23×10^{-5}m/s）を用いている．含水比 7.1%で締固めた盛土および基礎地盤を作成している．

　浸透の開始を飽和度が上昇し始めた時刻，侵食の開始時刻を侵食によりセンサーが水中に露出し始めた時刻とすると，飽和度の経時変化は図 6.8 になる．同図から，S1 は上方にある天端のアクリル板の影響を受けて，浸透により飽和度が 100%付近に達した後，侵食開始までは時間がかかっているが後発の侵食が分かる．S3 は侵食土の堆積により露出しなかったので，侵食開始は把握できないが，S2 は S1 と同様に，浸透が先行し，その後の侵食の発生が明確に捉えられている．

　以上から，盛土表面部において越流水の浸透が先行し，その後侵食が発生することが実証された．このように，越流を受けた盛土の侵食は，越流水の浸透が関係するが，他方，侵食の進行は浸透の難易に関係すると思われるため，浸透の難易について，第 7 章の浸透実験で検証する．

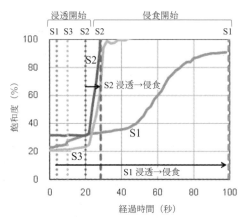

図 6.8 盛土内の浸透と侵食の開始時間の比較

6.4 模型実験による津波の再現

　通常，特に，室内模型実験では，模型あるいは作用の再現性が課題である．盛土を対象とした津波の越流に関しては，特に，越流時間と模型の規模の再現性が課題である．これまでの海岸工学は，規則的に繰り返し来襲する高潮などの波が対象であったため，造波装置も繰り返し載荷が可能な装置が主体であり，長時間に渡り高い水位を維持する津波流，あるいはその越流を意識したものではなく，従来の装置はそのままでは使用できないというのが実情である．

　そのような状況において，3.11津波あるいは将来の巨大津波に対する研究を推進するためには，しかるべき実験環境の整備が必要であるが，費用や時間の制約のため，思うようにならないのが実情である．それでも，既存施設の改造など，工夫をしながら研究が行われている．

　表 6.1 は，防潮堤や盛土の越流実験を実施している主な研究機関について，公表論文から分かる範囲で，造波方式や実験条件（堤防高，越流水深，越流時間）を抽出して比較した例である[5-11]．

　同表によれば，造波方式は以下の分類ができ，再現できる越流時間もそれぞ

6.4 模型実験による津波の再現

表 6.1 防潮堤・盛土の越流実験の実験条件の比較例

施設保有機関 (共同研究者)	施設名称など 造波方式	施設規模	対象	盛土高*	越流深*	越流時間*
国土技術政策総合研究所	構造物実験水路 ―		模型	36cm	8,24cm	2分
			実物	9m	2,6m	10分
東洋建設 (大阪大学)	水路越流実験 *造波板片押し式	L55m×B 1 m×H1m	模型	8cm	2-3cm	20秒
			実物	4m	―	―
大阪大学	小型模型実験 *ポンプ循環式	L1.4m×B0.1m×H0.45m	模型	10cm	2-3cm	6分
			実物	―	―	―
東京理科大学	大型造波水路 *造波板片押し式	L36m×B1m	模型	10.5cm	5cm	25秒
			実物	―	―	―
	水平開水路 *貯水・水道給水式	L5m×B0.2m×H0.35m	模型	20cm	―	20分
			実物	5m	―	―
鉄道総合研究所 (東京理科大学)	小型水路 *ポンプ循環式	L1.9m×B0.3m×H0.35m	模型	10cm	5.4cm	35分
			実物	4m	―	―
鉄道総合研究所 (農研機構)	水理模型実験 *貯水・放流式	B2m	模型	40cm	45cm	22秒
			実物	―	―	―
九州工業大学	遠心模型実験 *貯水・放流式	100G	模型	4cm	5cm	―
			実物	4m	5m	17秒

L：長さ，B：幅，H：高さ（文献からの読み取り）　　　　*最大値，―は不明

れ異なることが分かる。

(1) 造波板片押し方式：貯水した水路の端部の造波板を片押しして，水位を上昇させて，造波する方法。貯水量と板の押し出し量により，水位を変えることができる。東洋建設（大阪大学）[4]，東京理科大学[7]の模型実験では，越流時間は 20～25 秒程度である。

(2) ポンプ循環式：ポンプにより給水して水路の水位を上昇させて，造波する方法。流した水を貯水槽に貯めて，給水源として，循環利用する。循環させない方法も考えられるが，水利用からは，循環が一般的である。大阪大学[5]，鉄道総合研究所（東京理科大学）[8]の模型実験では，それぞれ 6 分，35 分と越流時間を長くしているが，機構的には時間制限はない。

(3) 貯水・水道給水式：貯水した水を流すとともに，水道から給水を同時に行い，造波する方法。東京理科大学)[9]の模型実験では，20 分と越流時

間が長くできている。

(4) 貯水・放流式：水路を仕切り，所定の水位で貯水した水を，仕切りを外すことにより，造波する方法。鉄道総合研究所（農研機構）[10]，九州工業大学[11]の模型実験では，越流時間は 20 秒程度である。なお，九州工業大学は，遠心模型実験である。

以上，越流時間の再現性は，盛土内への浸透時間を考慮したり，防潮堤などの粘り強さを検証するために，重要な課題である。上記から分かるように，長時間越流の方法としては，ポンプ循環方式が適しており，同方法によれば任意の越流時間の再現が可能である。ただし，盛土模型が大きくなると，それに合わせて装置が大規模になるなどの課題が出てくる。

一方，堤防模型の規模は，表 6.1 によると，10〜40cm 程度である。越流が必要なことから，堤防模型だけを大きくすることはできず，造波能力にも模型の規模は左右される。表 6.1 でも模型での越流水深は，45cm の場合もあるが，大部分は数 cm から 10cm 程度である。ここで，堤防模型の規模が関係するのは，堤内の浸透の深さあるいは速度が問題となる場合であり，小規模な堤防模型では実現象を再現し難い。ただし，定性的な挙動を把握する，あるいは堤防模型の間の相対的な差異を把握することはできる。なお，模型規模が大きくなるほど，盛土材の確保，堤体の均一性の確保，模型作成の作業量や手間の増加，造波装置の規模の拡大など，解決すべき課題も多くなる。

従って，津波の越流実験では多様な制約があり，すべての条件を再現することは難しい。そのため，実験の目的に合わせた模型あるいは造波条件とすることが有効である。例えば，本章の 6.3 節の実験は，やや長時間（最大 6 分程度）の越流条件の下で，浸透と侵食の関係性だけを捉えようとしており，準備した模型規模や装置で十分であった。また，第 7 章の 7.2 節の浸透実験では，堤防内の空気相の体積だけを空気タンクで再現することにより，実堤防の浸透を模擬しようとしており，80cm 程度の円筒土槽で実験の目的は果たされている。さらに，第 8 章の 8.2 節の盛土の粘り強さの差異あるいはそれを高める補強方法

に関する水路越流実験は，相対的な粘り強さの差異が明らかになる点に，実験の意義がある。

参考文献

1) 常田賢一，谷本隆介：盛土の難浸透性に起因する耐津波性に関する考察，第 49 回地盤工学研究発表会，No.471，pp.941–942，2014.

2) 魚谷真基，常田賢一，村上考輝，小西貴士：一面せん断試験による飽和度と排水せん断強度の関係，第 48 回地盤工学研究発表会，No.428，pp.855–856，2013.

3) 石塚真記子，大木基裕，小島謙一，舘山 勝：粘着力に及ぼす飽和度の影響について，土木学会第 59 回年次学術講演会，III–280，pp.559–560，2004.

4) 鈴木啓祐，常田賢一，谷本隆介，秋田 剛：越流による盛土の侵食特性に関する実験，第 48 回地盤工学研究発表会，No.1067，pp.2133–2134，2013.

5) 植田裕也，常田賢一，嶋川純平：津波越流による盛土の浸潤と侵食の相関に関する模型実験，平成 27 年度土木学会関西支部年次学術講演会，III–5，2015.5

6) 国土交通省国土技術政策総合研究所：粘り強く効果を発揮する海岸堤防の構造検討（第 1 報），国総研技術速報 No.1，12p，2012.

7) 山口晋平，柳沢舞美，植松佑太，川邉翔平，龍岡文夫，二瓶泰雄：小型模型実験による GRS 防潮堤の越流津波に対する安定性評価，第 47 回地盤工学研究発表会，No.909，pp.1089–1090，2012.

8) 青柳悠大，山口晋平，古川大祐，川邉翔平，菊池喜昭，龍岡文夫，藤井公博，野中隆博，渡辺健治，飯島正敏：補強土防潮堤の津波の長時間越流を模擬した小型実験，第 49 回地盤工学研究発表会，No.661，pp.1321–1322，2014.

9) 倉上由貴，二瓶泰雄，川邉翔平，菊池喜昭，龍岡文夫：耐越流侵食性向上のための河川堤防強化技術の実験的検討，土木学会第 68 回年次学術講演会，II–063，pp.125–126，2013.

10) 野中隆博，渡辺健治，松浦光佑，工藤敦弘，毛利栄征，松島健一，田村幸彦，飯島正敏：津波により盛土のり面周辺に作用する揚圧力の評価，第 49 回地盤工学研究発表会，No.516，pp.1031–1032，2014.

11) 吉崎文朗，宮本圭，廣岡明彦，永瀬英生：法面補強が橋台背面盛土の耐津波性能向上に及ぼす効果について，第 49 回地盤工学研究発表会，No.948，pp.1895–1896，2014.

第7章　盛土の難浸透性を知る

　第2章の仙台市井土浦地区の河川堤防や大槌町浪板地区の道路盛土が，それぞれ 4m，10m の越流を受けながら，致命的な破堤はしていない理由として，短時間の越流では堤内に越流水が浸透し難い点がある。

　本章では，この盛土の難浸透性を実験により検証する。実験は 2 段階とし，まず，水路越流実験により難浸透性の可能性を把握し，次に，実越流，実盛土の条件下の難浸透性を明らかにする。さらに，この難浸透性により，井土浦地区の河川堤防が越流により崩壊していないことを実証する。

7.1　水路越流実験による難浸透性の可能性

　6.2 節では，越流による盛土の侵食現象は水路越流実験で再現が可能であることを確認したが，本節では同じ実験[1] において，越流時の盛土模型の堤内への越流水の浸透を考察する。

　さて，盛土の浸透の難易は含水比，密度に関係するので，盛土模型は図 6.4 の基本形とするが，Dry 状態の盛土模型に，Wet 状態の盛土模型を加えて，両模型の浸透を比較する。なお，Dry 状態は最適含水比より低い含水比（4.6～6.7%）で締固め，Wet 状態は最適含水比付近（12.0～13.0%）で締固める。ここで重要な点は，前者は密度 $1.71\mathrm{g/cm^3}$，透水係数 $2.35\times10^{-4}\mathrm{cm/s}$ であり，後者は密度 $1.9\mathrm{g/cm^3}$，透水係数 $1.86\times10^{-5}\mathrm{cm/s}$ であることである。なお，図 7.1 の盛土模型の 5 箇所に設置した土壌水分計（S1～S5）により，越流時の盛土内への浸透の感知と飽和度の上昇を捉える。

図 7.2 上図は Dry 状態の盛土模型における，土壌水分計による体積含水率 (θ) と間隙率 (n：密度 1.71g/cm^3 で 0.340) により，$S_r = \theta/n \times 100$ で算出した飽和度 S_r（%）の時刻歴である．図には，入力した第 1 波と盛土による反射波の戻り波である第 2 波の越流時間帯を併記してある．同図によれば，第 1 波により S1 で飽和度が顕著に上昇，遅れて，S4，S2 も上昇して浸透を示すが，S3 と S5 は浸透していない．第 2 波により S1 と S4 は土壌水分計が露出したため急上昇し，S2 に加えて S3 も上昇し，堤内部への浸透が分かる．なお，S5 では浸透していないことが分かる．

一方，図 7.2 下図の Wet 状態の盛土模型では，越流前から飽和度が高く，第 1 波により S1 のみが上昇し，土壌水分計が露出しているが，他の 4 箇所は第 2 波によっても変化はせず，越流水は浸透していない．

以上から，短時間の越流ではあるが，密度が高く，透水性が低い盛土では，越流水の浸透がし難いため，越流水の盛土内部への難浸透性の可能性が示唆される．なお，図 7.3 は Wet 状態の盛土模型の越流前後の断面形状の比較であるが，図 6.6 の Dry 状態よりも侵食し難いが，これは盛土模型の難浸透性に起因している．

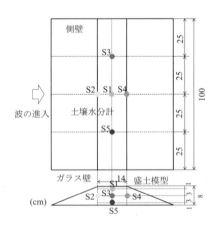

図 7.1 土壌水分センサーの配置

7.1 水路越流実験による難浸透性の可能性 153

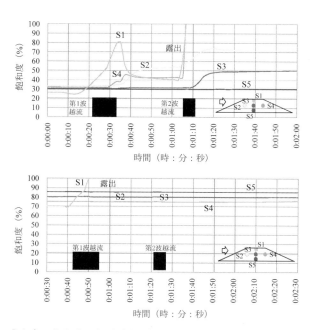

図 7.2 盛土内の飽和度の経時変化（上図：基本形 Dry，下図：基本形 Wet）

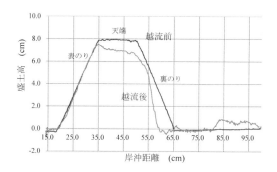

図 7.3 越流前後の断面形状の比較：基本形 Wet 状態

7.2 浸透実験による難浸透性の検証

井土浦地区の河川堤防（写真 2.58）は高さ 4m であり，3.11 津波による越流深は 4m 程度（推定）である。ここでは，この実盛土および実越流深を模擬した実験[2]により，盛土の難浸透性を検証する。図 7.4 あるいは写真 7.1 のように，4m 高の盛土の表層 0.75m を土層で作成し，以深の 3.25m は間隙空気相の体積を空気タンクの容積により模擬する。実験では，盛土表面に作用する水位を 2m，4m，6m，8m および 10m，盛土の初期飽和度を 35％，45％および 65％とする。空気タンクは空気が抜ける排気状態あるいは密閉した非排気状態とし，浸透により発生する空気圧（関係空気圧）を測る。これらの条件が浸透挙動（浸透前線の到達深度，浸透領域の飽和度，間隙空気圧の挙動）に及ぼす影響を把握する。

土層材料には桐生砂を用い，最適含水比程度の 10％まで加水し，締固め度 95％になるよう締め固める（飽和透水係数 5.37×10^{-7}m/s）。所定の水位差を 30

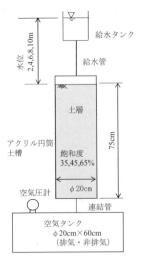

図 7.4 実験模型の概念図

写真 7.1 実験装置の全景

分間以上，120分間まで浸透させる．土壌水分計で土層内部の飽和度，圧力計で空気タンクの空気圧，土層への浸透量は給水タンクの水位低下量から計測する．

7.2.1 浸透深度と浸透時間

土層の表面から7.5cm間隔で設置したセンサーの反応時間とセンサー深度（＝浸透前線到達深度）の関係を図7.5に示す．ここで，村井ら[3)]は水分量が増加する前線を浸潤前線（本書では浸透前線），飽和になる前線を飽和前線と定義し，これらの前線の深さは時間の平方根に比例するとしている．そこで，図7.5には浸透前線の到達深度 z（cm）を到達時間 t（分）により $z = a\sqrt{t}$（a：係数）で近似した曲線を併記してある．

ここで，初期飽和度がおおむね30%の水位 $2\text{m} \leq H \leq 10\text{m}$ における係数 a と水位 H の関係は，空気タンクの非排気状態および排気状態で，それぞれ $a = 0.24H + 3.41$，$a = 0.34H + 2.69$ である．これによれば，係数 a は排気の場合が非排気の場合よりも，やや水位の影響を受けるが，顕著な差異は見られない．また，水位が4mの場合で，飽和度がおおむね30%に対する定数 a の比率 R と初期飽和度 S_r の関係は，$R = 0.045 S_r - 0.29$ である．

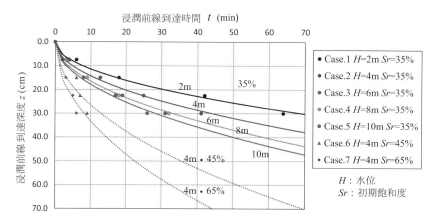

図7.5 浸透の到達時間と到達深度の関係

従って，各水位での初期飽和度による定数 a の変化特性が水位 4m と同等とみなすと，非排気状態の場合，浸透前線の到達深度 z は (7.1) 式で表される。

$$z = (0.24H + 3.41) \cdot (0.045Sr - 0.29)\sqrt{t} \tag{7.1}$$

ここに，z：浸透前線到達深度（cm），H：水位（m），

S_r：初期飽和度（%），t：浸透時間（分）

図 7.5 の結果から，以下のことが分かる。

(1) 土層表面に作用する水位（水圧）の増加に伴い，より短時間でより深部まで浸透する。しかし，水圧の変化が浸透挙動に与える影響は小さい。

(2) 水圧と比較して，盛土の初期飽和度が浸透に及ぼす影響が大きい。

(3) 浸透開始 30 分後の浸透前線到達深度は飽和度 35%で 20〜30cm 程度，同 65%で 60cm 程度であり，盛土の表層部に留まる。ここで注意すべきは，実験では同じ水圧を 30 分間作用させているが，実津波の越流時は 30 分の時間内で水深の増減があるので，実越流での浸透前線到達深さは上記よりも浅層である。

(4) 空気タンクの排気状態と非排気状態による浸透前線到達距離に有意な差異はない。これは，間隙空気圧の発生量が 2.5kPa 程度で小さいためである。

7.2.2 浸透領域の飽和度

浸透開始 30 分では，浸透領域（浅部）の飽和度は水位 2〜10m に対して 70〜80%程度であり，水圧が大きくなると浸透領域は深部に達するが，水位 6〜10m に対する深部の飽和度は 70〜75%程度であり，浅部より低い。つまり，浸透は飽和度 70%程度で進行し，浸透部は最大でも 80%程度であり，100%ではない。

なお，初期飽和度あるいは空気タンク内の空気圧と浸透領域の飽和度に明瞭な関連性は見られない。

7.2.3 間隙空気圧の発生

浸透開始30分後において，空気タンクの空気圧は，水位が増加しても僅かな増加であり，2.0〜2.5kPa程度に留まる。これは，水圧の上昇に比例して浸透深度が増加しないためである。ここで，水位（$H = 2 \sim 10\mathrm{m}$）が空気相に直接作用して発生すると想定される空気圧（19.6〜98.0kPa）に対する実測空気圧の比は，たかだか10〜2％程度であり，浸透により盛土内に発生する間隙空気圧は，きわめて小さい。

さらに，神谷ら[4]の既往研究では4.5kPa程度の間隙空気圧で地盤に亀裂が生じるという知見が得られているが，本実験では空気圧がおおむね2.0〜2.5kPaであるためか，土層内部の発噴や亀裂の発生は見られていない。なお，神谷ら[4]の研究は，降雨と河川水による砂質土堤防への浸水を想定した一次元模型実験であり，想定現象および地盤条件が異なるので注意が必要である。なお，初期飽和度と空気圧の相関は明確ではない。

7.3 浸透の機構

図7.4の実験に先だって実施した小規模土槽浸透実験[5]では，浸透が進行する飽和度の上限値は80〜85％であり，前節の浸透実験では70〜80％である。ここで，酒井ら[6]の大型砂質土模型斜面の降雨による実験では，飽和度60〜70％程度を保ちながら深部に浸透する過程が見られている。また，杉井ら[3]の散水・浸透実験では，透水性の良い砂の土層の浸透であるが，浸潤前線の飽和度は87％である。このように，浸透は飽和度が100％ではない状態で進行し，上限の飽和度（浸透飽和度と呼ぶ）はおおむね80％と考えられる。

さらに，浸透特性について，浸透が深くに及ぶにつれて，浸透速度が遅くなり，密度が大きい（透水係数が小さい）と浸透速度は遅く，飽和度の上昇領域内の飽和度の深度分布は，浸透の進行状態により異なる。さらに，浸透の難易は，(1) 乾燥密度が小さい（間隙率が大きい）あるいは初期の飽和度が小さいほ

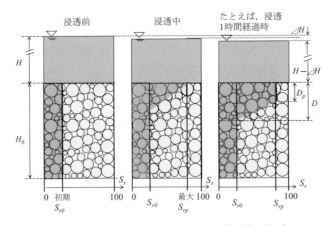

図 7.6 水圧下の地盤表面からの浸透過程の概念

ど、浸透しやすい（浸透速度：大，浸透深：大），(2) 飽和度が小さくとも，乾燥密度が大きい（透水係数が小さい）場合は，浸透し難い（浸透速度：小，浸透深：小）ことが推察される。

従って，土層内の浸透の進行は図 7.6 の概念で表わせる。ここで，H_0：土層厚，H：初期水深，ΔH：水面の低下量，S_{r0}：初期の土層の飽和度，S_{rp}：浸透による最大飽和度（浸透飽和度），D：浸透深度，D_p：S_{rp} である土層厚である。

7.4 難浸透性による安定性の評価

7.4.1 浸透深，越流水深，飽和度の関係

前節の実験結果から，細粒分を含んだ盛土材による越流前の初期状態の飽和度が 35％の盛土において，30 分の越流経過後の越流水深（H）に対する浸透前線の到達深度（z）は，図 7.7 で整理できる。同図の浸透前線は，図 7.4 の浸透前線到達時間 30 分において，水位が 2m および 10m での浸透前線到達距離を 20cm および 35cm として設定する。また，同図には浸透域の飽和度の差異を

7.4 難浸透性による安定性の評価

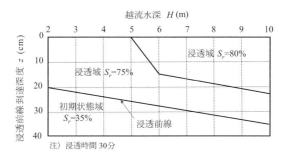

図 7.7 浸潤深，越流水深，飽和度の関係

区分しているが，飽和度の変化特性が異なる水位 6m において，飽和度が 75～80％にある深度の下限の 15cm を飽和度 80％の前線とする。さらに，変化の境界近傍の水位 4m と 6m の中間の 5m を，飽和度 80％の境界とし，水位 6m から 10m の間は，水位増加に伴う前線の深化を考慮して，浸透前線に平行（水位 10m で 22.5cm）に設定する。

なお，初期飽和度が 35％より高い場合は，図 7.5 で示されるように，浸透前線の到達深は，飽和度の影響により深くなるので，図 7.7 の 2 本の境界線は図中の位置より深くなる。

7.4.2 実堤防の浸透深度の推定例

井土浦地区の堤防において，津波前の堤防の飽和度を 35％と想定し，津波高を 10m に設定した越流による堤防表面の圧力水頭を算出し，図 7.7 に基づいて 30 分間の越流による浸透深を推定したのが図 7.8 である。これから分かるように，堤防の裏のりにおける浸透前線の深度はごく表層（25cm）であり，写真 2.64 の井土浦地区の河川堤防の張り芝が剥離した表層部の侵食に留まった現象に符号する。また，浸透による堤防の強度低下の影響，つまり，円弧すべりによる安定性の低下も皆無と推察される。詳細は，文献 2) を参照されたい。

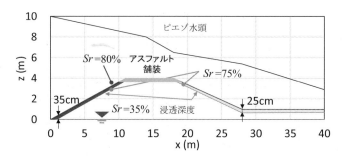

図 7.8 越流による盛土内への浸透の推定例:井土浦地区

参考文献

1) 鈴木啓祐, 常田賢一, 谷本隆介, 秋田 剛:越流による盛土の侵食特性に関する実験, 第 48 回地盤工学研究発表会, No.1067, pp.2133–2134, 2013.
2) 常田賢一, 谷本隆介:盛土の難浸透性に起因する耐津波性に関する考察, 第 49 回地盤工学研究発表会, No.471, pp.941–942, 2014.
3) 杉井俊夫, 山田公夫, 山田雄太:浸潤前線と飽和前線の推定に関する研究, 第 47 回地盤工学研究発表会, No.459, pp.913–914, 2012.
4) 神谷浩二, 堀裕貴, 白根岳, 金城宏和:不飽和土の間隙空気の挙動が降雨浸透に及ぼす影響, 第 47 回地盤工学研究発表会, pp.911–912, 2012.
5) 谷本隆介, 常田賢一, 秦吉弥, 高橋悠人:津波による盛土の浸透特性に関する模型実験, 第 58 回地盤工学シンポジウム, No.26, pp.1–6, 2013.
6) 酒井直樹, 植竹政樹, 福囿輝旗:豪雨時の斜面を不安定化させる飽和度および水位分布の形成機構の実験的検討, 第 44 回地盤工学研究発表会, No.846, pp.1691–1692, 2009.

第8章　盛土の粘り強さを向上する

　本章は，盛土が保有する耐侵食性を向上する方策について考える。まず，3.11 津波の際に粘り強さが発揮された事例による示唆を示し，次に，水路越流実験により向上策の効果，機能を検証する。さらに，盛土を部位別に分けて，津波に対する粘り強さの具体的な向上策を概観する。

8.1　実被害による示唆

　3.11 津波により越流した盛土から，越流に対する粘り強さを発揮した構造として，ジオテキスタイルによる補強と舗装がある[1,2]。

　まず，写真 8.1 は越流深 4.5m で越流した低盛土（高さ 1.6m，底面幅 12.8m）の状況である。写真から分かるように，厚さ 0.6m 程度の覆土が流出しているが，ジオテキスタイルで覆われた部分は残留している。また，写真 8.2 は写真 8.1 の延長上にある砂浜と保安林の間の低盛土であるが，保安林の保護のために設置されたものであり，当地点は防潮堤がない無堤区間であった。そのため，

写真 8.1　津波の侵食を限定化したジオテキスタイルの補強

写真 8.2　決壊していない箇所もある低盛土

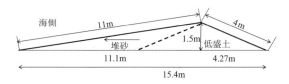

図 8.1　低盛土の断面形状

写真 8.3　被覆の植生が残る盛土

　津波は低盛土を越流して内陸に浸水した．写真 8.2 は低盛土の被害状況であるが，幾つかの重要な示唆がある．越流深は 4.6m 程度と推定されるが，低盛土には決壊した箇所もあれば，残留した箇所もある．写真では覆土（0.5m 程度）の下に敷設されていたジオテキスタイルが露出している．図 8.1 は低盛土の断面形状の概略である．建設時はのり長 4m 程度で対称な形状であったが，海側が堆砂して断面が拡大し，植生で被覆されている．写真 8.3 はジオテキスタイルで保護された堤体の越流後の状況であるが，表のりの植生は無損傷であり，裏のりは覆土の流出に留まる．

　この飛砂防止のための低盛土は，全面にジオテキスタイルを敷設して補強されていたが，津波の越流を意識したものではないものの，津波の越流による侵食を抑制，限定化できることを示唆しており，貴重な事例である．

写真 8.4　越流した堤防天端の舗装　　写真 8.5　越流した道路盛土天端の舗装

次に，写真 8.4 および写真 8.5 は，それぞれ津波が越流した高さ 4m の河川堤防と高さ 6m の道路盛土である。前者は 4m の押し波，後者は 10m の押し波と引き波が越流したが，いずれも天端は決壊せず，残留し，粘り強さを発揮している。なお，注目点は，前者では舗装のアスファルト層の剥離は部分的であり，表層は侵食が皆無であること，後者では剥離せず，アスファルト層の下の路床が白っぽい状態にあり，越流水が浸透せず，難浸透性を示唆することである。

これらの盛土は，津波の越流を意識してはいないが，天端の舗装が越流に対して流出し難く，そのためのり部の侵食拡大を抑制すること，難浸透性を示唆する貴重な事例である。なお，河川堤防の天端の舗装は，洪水による越流に対して破堤抑制の効果があると言われているが，津波の越流にも通じる。

8.2　盛土形状と構造補強：水路越流実験

越流に対する盛土の粘り強さ，言いかえると，侵食し難さの向上策として，盛土形状の最適化および構造補強が考えられる。そのため，6.2 節および 7.1 節の水路越流実験において，盛土の構造条件を変えた盛土模型による水路越流実験を実施している[3,4]）。

盛土模型は，図 8.2 の 8 模型である。基本形の Wet 状態（最適含水比 12.0〜13.0%付近）と Dry 状態（小さい含水比 4.6〜6.7%）を基にするが，盛土材料，製作方法，計測方法は 6.2 節と 7.1 節と同様である。準備した実験模型の条件

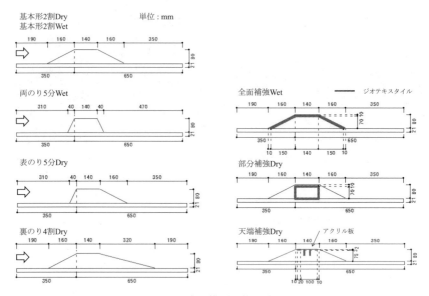

図 8.2　盛土模型の構造諸元

は，以下の通りである。

 基本形 2 割 Dry・Wet：基本形で Dry 盛土あるいは Wet 盛土
 両面 5 分 Wet：基本形の表のりと裏のりを 5 分にした Wet 盛土
 表のり 5 分 Dry：基本形の表のりを 5 分にした Dry 盛土
 裏のり 4 割 Dry：基本形の裏のりを 4 割にした Dry 盛土
 全面補強 Wet：基本形ののり面天端の下 10mm の位置で全面にジオテキスタイルを敷設し，覆土した Wet 盛土
 部分補強 Dry：基本形の天端下を包むジオテキスタイルを敷設した Dry 盛土
 天端補強 Dry：基本形の天端にアクリル板を設置した Dry 盛土

なお，越流前の盛土材および越流後の盛土内部の含水比を測定する。また，流れに投下した浮子の移動および盛土の断面を，それぞれ盛土上方とガラス側面からビデオ撮影し，それぞれ越流水の流速および越流水深を写真判読する。

なお，水路越流実験での注意点と対処は，以下の通りである．

(1) 水路中央の越流深は両側面と異なるが，把握が困難であり，また，基本的に造波は二次元であるので，中央部と側面の流れは同一と見なす．
(2) 浮子は必ずしも水路方向に流れないが，横方向に卓越して移動する浮子は除くとともに，浮子の移動の水路方向成分を抽出する．なお，写真（30コマ/秒）判読の読み取り精度は ± 0.03m/s である．

表 8.1 は盛土模型の越流前と越流後の全断面および表のり，天端，裏のりの部位別の侵食率である．また，図 8.3 は全断面の侵食率の比較であるが，これらから，盛土模型の侵食特性について，以下の特徴が分かる．

(1) 最適含水比の近傍で締固められた密度の大きい盛土は侵食し難い．
(2) 両のり 5 分 Dry 以外では，表のりや裏のりの勾配の影響は僅かである．なお，裏のりの勾配が大きいと断面減少の侵食代としての効用がある．
(3) 両のり 5 分 Wet（写真 8.7）の侵食率はきわめて小さく，表のり 5 分 Dry と比較すると，急な裏のりは侵食し難い．これは，写真 8.6 の 3.11 津波により宮古市で越流が見られた垂直なコンクリート壁の防潮堤に通じる．
(4) ジオテキスタイルによる全面補強（写真 8.8），部分補強（写真 8.9）およびアクリル板による天端補強（写真 8.10）のいずれも，基本形 2 割 Dry

表 8.1 部位別の侵食率

盛土模型	侵食率 (%)			
	全断面	表のり	天端	裏のり
基本形 2 割 Dry	36.5	1.7	14.7	20.1
基本形 2 割 Wet	17.0	0.8	5.1	11.1
両のり 5 分 Wet	11.1	1.4	6.6	3.1
表のり 5 分 Dry	39.6	1.8	17.8	20.0
裏のり 4 割 Dry	34.3	1.1	5.5	27.7
全面補強 Wet	12.7	0.9	6.1	5.7
部分補強 Dry	20.6	1.2	4.1	15.3
天端補強 Dry	17.5	1.4	0.7	15.4

(注) 網掛けは基本形

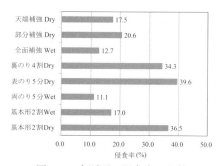

図 8.3 全断面の侵食率の比較

(a) 越流状況：毎日新聞社提供　　　　　(b) コンクリート壁の裏側

写真 8.6　越流に対しても破堤しない垂直なコンクリート壁の防潮堤：宮古市

写真 8.7　両のり5分 Wet：越流後　　　写真 8.8　全面補強 Wet：越流後

写真 8.9　部分補強 Dry：越流後　　　写真 8.10　天端補強 Dry：越流後

と比較すると，かなり侵食し難い。また，ジオテキスタイルによる部分補強より天端補強の侵食率が小さいのは，侵食が裏のりの覆土止まりであり，拡大し難いことによる。なお，写真 8.10 において，裏のり肩は侵食しているが，表のり肩は残留しており，写真 8.4 の堤防でみられた実際の侵食と符号する。

8.2 盛土形状と構造補強：水路越流実験

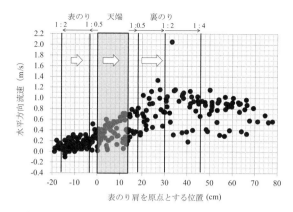

図 8.4 無補強盛土における水平方向の流速分布：無補強 5 ケース

　盛土の越流深は，第 1 波では表のり肩で 2.0〜3.0cm，裏のり肩で 1.1〜1.6cm であり，第 2 波では表のり肩で 1.40〜2.9cm，裏のり肩で 0.7〜1.4cm であり，第 2 波が第 1 波よりやや小さい。また，いずれも表のり肩から裏のり肩にかけて水位が低下するが，裏のりで流速が増加するためである。

　図 8.4 は補強した盛土を除いた，のり面勾配が異なる 5 つの盛土模型の水平方向の流速分布である。のり面勾配による差異は明確でないので，一括表示している。同図によると，表のり先では低流速で滞留しているが，表のり（のり面方向換算 0.22〜0.34m/s 以下），天端（同 0.4〜0.7m/s 以下），裏のり（同 1.34m/s 以下）への流下に伴って流速が増加し，裏のり先から低下する。なお，表のりの流速が小さい点が特筆できるが，表のりの侵食が僅かな理由である。

　粘り強さの向上を意図した 3 種類の補強構造について，土壌水分計（図 7.1）による飽和度の時刻歴は図 8.5 であり，以下の特徴がある。

(1) 全面補強 Wet は，ジオテキスタイルの下のすべてにおいて，第 1 波では変化がなく，第 2 波までに天端下上部が上昇を始め，第 2 波でさらに増加しているが，他の 4 箇所は変化せず，浸透していない。
(2) 部分補強 Dry は，第 1 波および第 2 波によっても，ジオテキスタイルの

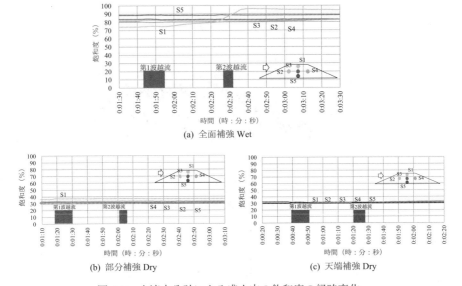

図 8.5 土壌水分計による盛土内の飽和度の経時変化

内部のいずれの箇所でも変化はなく，浸透していない。
(3) 天端補強 Dry は，いずれの箇所も浸透していない。

ここで，越流時の盛土内部への浸透は，無補強の場合でも少ないが，ジオテキスタイルの補強により補強領域内への浸透は，さらに抑制され，アクリル板の天端補強では盛土中央部への浸透はまったく見られない。これらは，ジオテキスタイルの難透水，アクリル板の遮水の効果を示唆する。

また，越流後の盛土模型では，表面に残留した越流水や裏のり先の滞水が盛土内に浸透し，盛土内の含水比は刻々変化しているので，実験直後の測定時点の含水比は参考扱いではある。しかし，越流前後の含水比の比較で注目すべきは，図 8.6 の部分補強 Dry および天端補強 Dry である。ここで，部分補強 Dry ではジオテキスタイル内部の含水比は，5.6%から 8.0〜9.8%，天端補強 Dry ではアクリル板の下部の含水比が 4.6%から 5.8〜9.2%へとやや増加している。一方，図 8.5 の飽和度の変化によれば，含水比は増加しないはずであるが，上

記の時々刻々と変化する浸透の影響である．しかし，図 8.5 からも，ジオテキスタイルおよびアクリル板により浸透が抑制あるいは遮断されていることが分かる．なお，天端補強 Dry の越流後の断面は写真 8.11 であり，天端下部は浸透していないことが分かる．

以上の盛土模型の水路越流実験による主な知見は，以下の通りである．

(1) 表のりの侵食は僅かで，侵食は裏のりから始まり，天端から表のり側に推移する．
(2) 侵食の難易は締固め状況に関係し，最適含水比に近い締固め状態にあるほど，侵食し難い．
(3) 裏のり勾配が緩いほど，侵食代の規模により，断面の保持が可能である．
(4) 越流水の盛土内の浸透は，無補強の場合でもし難いが，ジオテキスタイルによる補強，天端補強により更に難透水性を高めることが可能である．

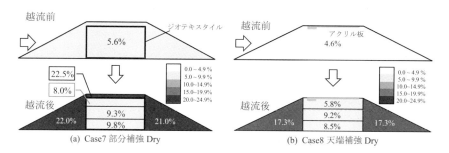

図 8.6 越流前後の盛土内の含水比の変化

写真 8.11 越流後の盛土内部の浸透状況：天端補強 Dry，アクリル板は取り除かれている

(5) ジオテキスタイルによる補強あるいは天端補強により，侵食を抑制あるいは限定化することが可能である。

8.3　天端補強と天端下部補強：長時間越流実験

前節の水路越流実験は，ごく短時間の越流による固定床上の小型盛土模型の実験であるが，盛土の侵食が裏のりで顕著なこと，天端補強で侵食の拡大抑制ができることが明らかになっている。そこで，小型模型ではあるが，天端の侵食をさせず，裏のり部の侵食に焦点を当て，長時間の越流を行うこと，基礎地盤の洗掘がある移動床を対象にすることを特徴とする実験を実施し，天端および天端下部の補強による粘り強さの向上を検証する[5]。

図 8.7 がアクリル製の実験土槽と盛土模型の概要である。盛高 10cm，のり面勾配 1 : 4 とし，基礎地盤は (3.6) 式により，落堀の最大侵食深 15cm とした。水路幅は 10cm とし，ポンプにより水 (2.8ℓ/s) を循環して長時間給水を模擬する。天端と裏のりだけの盛土と固定床と移動床の基礎地盤を模擬する。移動床は盛土と同じ含水比，乾燥密度であるが，2mm 以下の笠間砂である（最大乾燥密度：$2.01g/cm^3$，最適含水比：10.9%）。天端は釘により盛土に密着させたアクリル板を設置する。

表 8.2 は実験ケースごとの緒条件と実越流時間である。固定床の越流時間が短い（2 分程度）が，侵食が進行しないためである。なお，C-5 は盛土の天端下にジオテキスタイルで包んだ部分補強領域（高さ 20cm）を設置する。

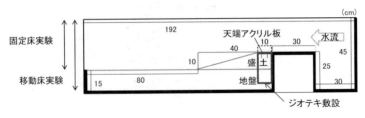

図 8.7　裏のり部の長時間越流実験

8.3 天端補強と天端下部補強：長時間越流実験

表 8.2 実験条件

実験ケース	含水比 (%)	乾燥密度 (g/cm³)	基礎地盤	天端下部補強	越流時間 (秒)
C-1	7.0	1.68	固定床	なし	115
C-2	13.0	1.85	固定床	なし	175
C-3	7.0	1.68	移動床	なし	360
C-4	9.2	1.85	移動床	なし	373
C-5	9.2	1.85	移動床	あり：ジオテキスタイル	480

乾燥密度 1.68g/cm³／透水係数 2.66×10⁻³cm/s
乾燥密度 1.85g/cm³／透水係数 5.38×10⁻⁵cm/s

　固定床および移動床における盛土の断面形状の時間経過は，それぞれ図 8.8 および図 8.9 である。ここで，天端直下の 10cm×20cm の矩形領域の侵食を見ると，固定床では密度が大きい C-2 がやや侵食し難い傾向があるが，C-1 では 40 秒，C-2 では 115 秒以降で侵食が進展していない。これは，アクリル板まで侵食が達すると，越流水はアクリル板から落水し続けるが，天端直下の盛土内に入り込む侵食には至らず，侵食の拡大をアクリル板が抑制している。

　一方，移動床は基礎地盤の侵食があるため，固定床よりも侵食が進行する。そして，密度が大きい C-4 が C-3 よりやや侵食し難いが，いずれも天端直下の矩形領域にも侵食が拡大する。この侵食により天端補強は不安定となり，C-3 と C-4 はそれぞれ 360 秒と 373 秒後に流水の重量により天端補強の剥離が発生している。一方，C-5 は天端の下部の侵食がなく，480 秒後でも天端補強の剥離

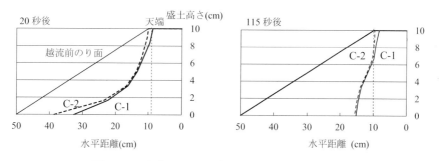

図 8.8　固定床における断面形状の時間変化の比較

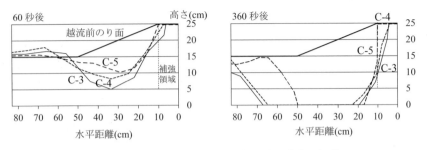

図 8.9 移動床における断面形状の時間変化の比較

は発生していない。

比較的長時間（2～8分）の越流実験により，基礎地盤の有無に関わらず，盛土の粘り強さの向上に関して，以下の知見が得られている。

(1) 天端補強は，その下方に侵食が及ばないようにすることが有効である。
(2) ジオテキスタイルによる天端下部補強は，それ自身の侵食が無い限り，天端補強の剥離を発生させず，天端高が保持できる。

8.4 天端下部補強の多様化：改良土の活用

8.2節の部分補強，8.3節の天端下部補強は，盛土の基本構造である高さの保持が目的であり，津波に対する盛土の粘り強さの向上策としての可能性が得られたものの，実務設計のためには，今後，さらに詳細な検討が必要である。

一方，天端下部補強には多様な方法が考えられるが，その一つとして，本節では盛土材として改良土を代用する方法を提案し，その構造を検討する。

8.4.1 盛土材としてのアップサイクルブロック

3.11津波により大量の災害廃棄物が発生した。そこで，廃棄物をセメントペーストで固化し，盛土の中詰め材として有効活用するアップサイクルブロック[6]が開発されている。同ブロックは寸法 750mm×750mm×850mm（単位体積重

8.4 天端下部補強の多様化：改良土の活用　　173

写真 8.12　ブロックの単体

写真 8.13　盛土材としてのブロック構造体の様子

量：$1.88 \sim 2.05\mathrm{g/cm^3}$）の単体構造（写真 8.12）であるが，長期耐久性を有し，重金属などの溶出がないことが認証されている。

ここでは，防潮盛土の盛土材としての活用（写真 8.13）を提起するが，ブロックの単体構造を組み合わせた構造物として機能評価が必要である。そのため，本節では津波を模擬した越流模型実験により，アップサイクルブロックを構造体とする盛土模型の耐侵食性を検証し，構造を最適化する。

8.4.2　越流実験による検証

8.3節の実験方法と同じであるが，盛土模型の裏のりは2割勾配とし，ブロック模型を盛土材として盛土模型内に設置し，覆土する[7,8]。盛土，覆土および基礎地盤は笠間砂（最大乾燥密度 $1.82\mathrm{g/cm^3}$，最適含水比 13.2％）で含水比7.1％とする。単体のブロック模型（写真 8.14）は，アクリル製のブロックに鉄芯を入れて，密度を $1.86\mathrm{g/cm^3}$ とする。表 8.3 および図 8.10 は実験条件である

写真 8.14　ブロック模型

表 8.3 実験ケース

実験ケース	ブロック配置部位			一体化方法・部位		補助工法	
	天端下部	裏のり下部	天端下方基礎地盤	接着 天端下部・のり部	ジオテキ包み込み（全体・層別）	遮断	天端補強
無対策							
基本型 A1	○						
基本型 A2	○			○天端			
根入れ型 1	○		○				
根入れ型 2	○		○	○天端			
全体型 1	○	○					
全体型 2	○	○		○天端			
全体型 3	○	○		○のり部			
全体型 4	○	○		○天端 ○のり部			
基本型 B1	○				○全体		
基本型 B2	○				○全体	○	
基本型 C1	○				○層別		
基本型 C2	○				○層別		○

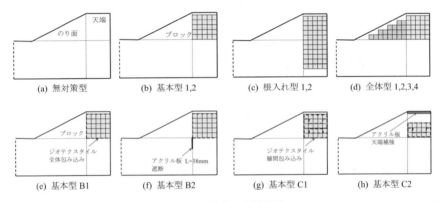

図 8.10 盛土の実験模型

が，単体ブロックの一体化は粘着テープあるいはジオテキスタイルによる．ブロックの配置部位（天端下部，裏のり下部，基礎地盤），一体化方法・部位（接着，ジオテキ包み込み），補助工法（遮断，天端補強）などにより条件設定を行う．なお，ジオテキ包み込みは，ブロック全体と層別に区分している．

津波に対する粘り強さを天端高の保持（4.2 節）で評価する．この天端高の保

8.4　天端下部補強の多様化：改良土の活用

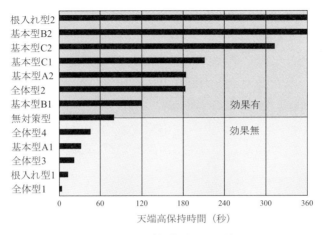

図 8.11　天端保持時間の比較

持は，一体化の場合はブロック構造が越流開始から傾斜，沈下を開始する時間まで，非一体化の場合は最上段のブロック 1 層が流出した時間までとする。

図 8.11 は無対策型を基準とした天端高の保持時間の比較である。同図によれば，根入れ型 2 と基本形 B2 は越流時間が 6 分では天端高の喪失には至らず，もっとも効果がある。順次，基本型 C2，基本型 C1，基本型 A2，全体型 2，基本型 B1 が無対策よりも時間が長く，粘り強さが向上する。ここで，基本型 C2 は天端補強の有効性，ほぼ類似の基本型 C1 と基本型 A2 はブロックの一体化の有効性を示唆する。また，全体型は唯一，全体型 2 が無対策型より効果があるが，ブロックの一体化に加えて，のり部のブロックの不安定化を抑える必要性を示唆する。さらに，基本型 B1 が基本型 C1 よりも効果が少ないのは，ジオテキスタイルにより全体を包み込むよりも層別に包み込んだ方が，ブロック内部への浸水に対して安定しているためである。なお，基本型 A1 と根入れ型 1 の効果が無いのは，ブロックが一体化されていないためである。

以上，構造体としてのブロックの設計に関して，以下の事項が得られる。

(1) 粘り強いブロック構造体は，一体化が必要である。

(2) 一体化は接着が望ましいが，層別のジオテキスタイルによる包み込みでもよい。

(3) 一体化ブロックは，基礎地盤に根入れするとよいが，根入れの代わりに遮断構造を入れてもよい。

(4) のり部のブロックは，のり尻の侵食防止が必要である。

(5) (4) が難しい場合は，のり部と天端のブロック構造体は切り離した方がよい。

8.4.3 課題と適用性

検証実験により，盛土材としてのアップサイクルブロック構造体は，津波越流に対して粘り強い構造化が可能であることが分かったが，実務での適用に際しては，以下の課題がある。

(1) 一体化方法の具体化

(2) 矢板あるいは緩衝構造の具体化

(3) 津波前の地震動に対する安定性の検証

上記のうち，一体化方法については，接着，緊結，包み込みなどの方法があるが，施工性，耐久性，コストを考慮した方法を検討するとよい。また，矢板については，(3) にも関係するので効果的な構造を検討するとよい。さらに，緩衝構造については，アップサイクルブロック敷設，地盤改良など多様な方法があるので，工夫をするとよい。

さて，(3) の地震動に対する安定性については，道路盛土などにおける“人工基盤”の設計概念が適用できる[9]。図 8.12 は道路盛土の地震被害をヒントにして提案している人工基盤によるすべり破壊制御の概念である。同概念は，盛土で発生するすべり面は，盛土下の基盤の形状や位置により左右されることに基づいており，盛土に地盤改良などにより人工的な基盤を構築し，すべり面を車道位置で発生させず，道路機能に対する影響が小さい路肩やのり面で発生する

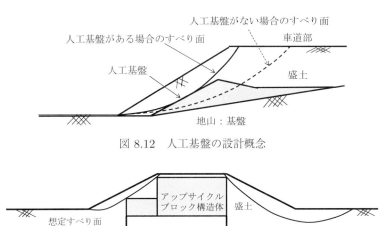

図 8.12　人工基盤の設計概念

図 8.13　アップサイクルブロックによる人工基盤の概念例

ように誘導するものである。

　図 8.13 は，一体化したアップサイクルブロック構造体の人工基盤の概念例である。同図に示すように，地震動に対してはすべり面をのり肩あるいはのり面に限定できるので，震度法あるいはすべり変形量の計算（ニューマーク法など）に依らずとも，天端高が確保され，地震動に対しても粘り強い構造と考えることができる。ここで，課題は，(1) 裏のり部がすべりを発生した状態での越流に対する安定性，(2) ブロック間の緊結度が低い場合のブロックの滑動に対する安定性の照査である。しかし，(1) については，前述の越流実験から，矢板などの構造強化により粘り強さの確保が示唆されている。また，(2) については，震度法などによりブロックの段ごとおよび構造体としての滑動に対する安定性を照査すればよい。

8.5　粘り強さの向上策

　津波に対する盛土の粘り強さの向上策を盛土の部位（天端，天端下部，裏の

り面，裏のり下部，裏のり先，全面・全体）別に整理すると，表 8.4 が例示できる。なお，侵食が顕著な裏のり（陸側）を特記しているが，引き波を想定する場合は表のり（海側）も対象になる。

向上策に関する現況や留意点は，以下の通りである。

(1) 天端補強では，前節までの検証でも明らかなように，天端の舗装が侵食の拡大の抑制に効果がある。なお，舗装は通常の構造で十分である。

(2) 天端下部補強では，ジオテキスタイルを使う場合，裏のり部が侵食で欠落した状態で自立する構造などの工夫が必要である。また，アップサイクルブロックを盛土材として利用する場合は，一体化方法（ジオテキスタイル，アンカーなど），施工性を考慮した構造設計が必要である。なお，CSG（Cemented Sand and Gravel）は，土砂とセメントを混合したセメント系固化材であり，静岡県が浜松市の沿岸の盛土の防潮堤の内部構造に採用している [10]。その目的は，CSG 構造体を津波の波力に対抗する "芯" としているが，盛土の難浸透性からは主旨が外れているので，表 8.4 では遮水や波力抵抗の機能ではなく，侵食拡大抑制のための天端下部の補強構造と位置付けている。

(3) 裏のり面補強では，3.11 津波の防潮堤の復興仕様 [11] において，流出防止のために覆工ブロックの重量化（1ton から 2ton へ）が提示されている。ここで，復興では表のりと裏のりのいずれも重量化をしているが，表のりの侵食は皆無であるので，押し波だけの場合は裏のりだけの重量化で十分である。また，堀田ら [12] は，砕・転圧土と呼ぶ "粘土とセメント系固化材による改良土" で堤体を被覆する方法を提示し，盛土模型（高さ150mm）の越流試験により，砕・転圧土は一般的な堤防土と比較して耐侵食能力が高いことを報告している。この場合，植樹などに対する耐久性の確保の課題が考えられる。また，ジオテキスタイルを表層の覆土の下に敷設すると，表層部だけの侵食に限定化できる。さらに，盛土表面の植生は越流あるいは侵食の抑制に効果があるので，その活用も考えら

8.5 粘り強さの向上策 179

表 8.4 盛土の粘り強さの向上策例

補強対象部位	補強策例	期待される効用	事例など参考事項
天端補強	舗装	侵食拡大抑制	3.11 津波：井土浦，浪板
天端下部補強	ジオテキスタイル敷設	侵食拡大抑制	常田ら（大阪大学・前田工繊）[4]
	アップサイクルブロック敷設	同上	植田ら（大阪大学・大林組）[7], [8]
	CSG（Cemented Sand and Gravel）	同上	静岡県浜松市沿岸[10]
裏法面補強	覆工ブロックの重量化	流出防止	国交省：復興仕様[11]
	砕・転圧土による被覆	侵食抑制	堀田ら（フジタ）[12]
	ジオテキスタイル敷設	侵食の表層限定化	3.11 津波：閖上浜
	植栽	侵食抑制	
裏法下部補強	アップサイクルブロック敷設	侵食拡大抑制	植田ら（大阪大学・大林組）[7], [8]
	ジオテキスタイル敷設	侵食の表層限定化	3.11 津波：閖上浜
裏法先補強	基礎工	侵食防止	国交省：復興仕様[11]
	地盤改良	侵食防止	国交省：復興仕様[11]
	堀・水路など水域	水流減勢	3.11 津波の落堀
全面補強・全体補強	ジオテキスタイル敷設	侵食の表層限定化	3.11 津波：閖上海浜低盛土
	被覆コンクリートとジオテキスタイルの面状敷設	防潮堤の安定性向上	粘り強い強化防潮堤の設計・施工マニュアル（案）[13]
	GRS，GRS パネル被覆	防潮堤の安定性向上	深津ら（東京理科大学・JR 総研）[14]

れる。

(4) 裏のり下部補強では，アップサイクルブロックを盛土材として活用した侵食抑制が考えられるが，8.4 節のように，ブロック構造体ののり先での侵食に注意が必要である。

(5) 裏のり先補強では，復興仕様[11] で指摘されている基礎工の設置と地盤改良があるが，これらは併設されて効果が発揮される。また，防潮堤の背後に形成された落堀による津波の減勢，あるいはウォータークッション効果に倣うと，あらかじめ盛土の直背後に，堀や水路などの水域を設置すること，あるいは既存のそれらに隣接した盛土の設置が考えられる。

180　　　　　　　　第 8 章　盛土の粘り強さを向上する

(6) 全面補強では，3.11 津波で閖上浜の低盛土（写真 8.1）で見られたように，ジオテキスタイルの全面敷設によれば，侵食を表層部に限定できる。また，ジオテキスタイルによる粘り強い強化防潮堤 設計・施工マニュアル（案）[13] は，被覆コンクリートとジオテキスタイルの面状補強により防潮堤全体の安定化を図っている。さらに，深津ら[14] は，ジオグリッドで補強した GRS 防潮堤を提起しているが，砕石の被覆による防潮堤よりも耐津波特性が向上し，さらに表面をパネルで被覆した GRS パネル被覆の防潮堤では耐津波特性がさらに向上すると報告している。

　以上，盛土の粘り強さの向上策を概観したが，盛土における津波の越流特性を考慮した工夫，技術開発が望まれる。なお，それらは，津波越流に限定されることなく，洪水による越流対策などの他分野へ応用することも考えられる。

参考文献

1) 常田賢一，谷本隆介：2011 年東北地方太平洋沖地震の現地調査による防潮堤などの津波被害特性，土木学会論文集 B2（海岸工学），Vol. 68, No. 2, 14p, 2012.
2) 常田賢一，谷本隆介：2011 年東北地方太平洋沖地震における土盛構造の耐津波特性および落堀の形成特性，土木学会論文集 A1（構造・地震工学）Vol.68（2012）No.4, 地震工学論文集第 31-b 巻，pp.1091–1112, 2012.
3) 常田賢一，竜田尚希，鈴木啓祐，谷本隆介：津波防潮堤の評価法および防潮盛土の耐侵食性の確保・向上策，土木学会論文集 B2（海岸工学），Vol. 69, 12p, 2013.
4) 常田賢一，竜田尚希：津波防潮のための"粘り強い"盛土の補強構造，第 28 回ジオテキスタイルシンポジウム，pp.259–264, 2013.
5) 高橋悠人，常田賢一，谷本隆介，嶋川純平：津波越流による盛土の侵食特性に関する実験的研究，第 49 回地盤工学研究発表会，No.486, pp.971–972, 2014.
6) (一財) 国土技術研究センター：アップサイクルブロック，建設技術審査証明事業報告書，2014.
7) 植田裕也，常田賢一，森田晃司，川本卓人，嶋川純平：アップサイクルブロックを用いた盛土の耐津波性に関する模型実験，第 50 回地盤工学研究発表会，No.522, pp.1043–1044, 2015.
8) 堀本和宏，植田裕也，常田賢一，嶋川純平，森田晃司，川本卓人：アップサイクルブロックによる盛土の耐侵食効果に関する越流実験，Kansai Geo-Symposium

2015, No.4–2, 2015.

9) 常田賢一，他：盛土の性能評価と強化・補強の実務，(一財) 土木研究センター，2014.

10) 静岡県：浜松市沿岸域防潮堤整備，平成 25 年 3 月 14 日.

11) 国土交通省国土技術政策総合研究所河川部：粘り強く効果を発揮する海岸堤防の構造検討（第 1 報），国総研技術速報，No.1, 12p. 2012.

12) 堀田崇由，北島明：砕・転圧土の耐侵食性について，第 50 回地盤工学研究発表会，No.512, pp.1023–1024, 2015.

13) 国際ジオシンセティック学会日本支部・ジオテキスタイルによる粘り強い強化防潮堤開発委員会：ジオテキスタイルによる粘り強い強化防潮堤 設計・施工マニュアル（案），155p, 平成 26 年 7 月.

14) 深津圭佑，久松祐太郎，兵動太一，菊池喜昭，龍岡文夫，渡辺健治：小型循環水路を用いた模型実験による砂質盛土の耐津波特性の検討，第 50 回地盤工学研究発表会，No.510, pp.1019–1020, 2015.

第9章　津波前の地震動に注意する

9.1　耐震性の必要性

　地震による被害の原因には，地盤の揺れ（地震動と呼ぶ）による場合が一般的であるが，3.11 地震のような海域を震源とする地震で，相応の規模の場合は，断層の移動により発生する津波の被害も発生する。その場合，地震動の到達は，津波のそれよりも早いために，津波を考慮した対策を考える場合は，その前に到達する地震動に対する安定性の確認が必要である。

　3.11 地震の場合，震源に近い沿岸部は，来襲した津波による被害が甚大であったために，地震動による被害の有無が明確でないのが実情である。しかし，3.11地震に関する現地調査によれば，地震動による液状化の発生あるいは構造物の被害の事例が見られる。

　本章は，3.11 地震で見られた地震動による現象の 1 つである，液状化の事例を示すとともに，地震動による堤防の被害の有無が，その後の津波による被害の有無，拡大に繋がった事例の解析，さらに，地震動および津波の到達時間を考慮した避難の可能性を検証した事例を示す。

9.1.1　地震動により液状化が発生し，津波が来襲した事例

　写真 9.1 は，宮城県岩沼市の海岸から 800m ほどにある公園内の盛土による高台である。津波被害については，第 2 章の通り，浸水はしたものの，越流はしていない。しかし，津波の前に到達した地震動による被害の形跡が残されて

第 9 章 津波前の地震動に注意する

写真 9.1　地震動と津波による被害を受けた高台例

写真 9.2　地震動による亀裂

写真 9.3　地震動による液状化

いる。写真 9.2 は，高台の天端に発生した亀裂である。また，写真 9.3 は，高台の天端に繋がる園路であるが，液状化の発生の痕跡（噴砂）がある。

　このような地震動による被害により，次に来襲する津波に対して，無被害の場合よりも耐侵食性が低下するので，津波対策では地震動の安定性の確認が必須である。

9.1.2　噴砂痕に津波堆積土が堆積した事例

　宮城県山元町吉田浜の海岸は離岸堤が整備されていたが，防潮堤が決壊して内陸まで浸水が及んだ。海岸から 390m ほど離れた保安林裏の水田では，写真 9.4 のように，地表面にはクレーター状の不陸が多数見られていたが，地震動による液状化の発生と津波の来襲の前後関係は，堆積土の土質特性から推察できる。

9.1 耐震性の必要性

通常，噴砂地形により地表面に噴砂が出現したと想定するが，当該箇所では津波の堆砂があるために，表層を噴砂層とすると，津波後に液状化が発生したことになる。その場合，液状化は本震でなく，余震によることになるが，液状化に関係する最大余震は3月11日15時15分に発生した茨城県沖を震源とするM7.4の地震[1]である。他方，当地域の本震による津波の第1波の到達は15時50分頃なので，写真9.4の表層は最大余震の噴砂層ではないことになる。

写真9.5は写真9.4の掘削位置での土層区分であるが，表層，堆砂層上部，堆砂層下部，原地盤の粘土層およびその下方砂層に区分できる。粒度試験結果から，表層の"分級された砂"（砂分97.5%，細粒分2.5%，平均粒径D_{50}：0.26mm）と堆砂層上部の"分級された砂"（砂分98.9%，細粒分1.1%，D_{50}：0.28mm）の粒度特性が類似しており，同一層と見なせる。ここで，表層が堆砂層上部よりもやや細粒であるのは，堆砂層の上部と下部の堆積過程の差異による。また，これらの堆砂と堆砂層下部の"粘性土まじり砂"（砂分92.8%，細粒分6.6%，平均粒径0.33mm）とはやや異なる。さらに，原地盤の粘性土層下の下部砂層

写真9.4 液状化が想定される箇所

写真9.5 掘削断面の土層構成

は"粘性土まじり砂"（砂分 94.2%，細粒分 5.8%，平均粒径 0.27mm）であるが，同層は堆砂層下部の粒度特性に類似している。

以上から，表層と堆砂層上部の 12cm は津波による堆砂層であり，本震あるいは最大余震による液状化に伴う噴砂は堆砂層下部の 7cm が相当すると推察できる。従って，当該箇所では，まず噴砂が発生してクレーター状の地形となり，その後に到来した津波により均一な堆砂が行われることにより，噴砂地形が地表面に残されたと考えられる。なお，堆積層下部は下方砂層よりもやや粗粒であるが，噴出に伴う細粒分の散逸と考えると理解ができる。

9.1.3 津波の浸水でも残留した噴砂痕の事例

写真 9.6 は，岩沼市寺島地先の海岸から 250m ほどの水田であったと思われる場所で見られた噴砂痕である。地震動による噴砂は，写真 9.5 のような津波による堆積あるいは流出がなく，そのままの状態で残ったものである。

以上の 3 事例から分かるように，3.11 地震では津波の来襲前に，相当規模の地震動があり，構造物などに被害があった可能性があることを忘れない。

写真 9.6　津波で堆積，流出していない噴砂痕

9.2 地震動被害と耐津波性

9.2.1 新北上川堤防の被災・無被災実績

3.11 地震によって被災した河川堤防の一部は，強震動の作用だけでなく巨大津波の作用を受けていることが特徴的である．写真 9.7 および写真 9.8 は，東日本大震災前後における新北上川堤防の下流部の状況を比較したものであるが，堤内地が広域にわたり浸水しており，一部区間では堤防が破堤に至っている．具体的には，図 9.1 に示すように，R3.8〜4.0k 付近では非破堤であるのに対し，R4.0〜4.5k 付近では長距離にわたって破堤している．

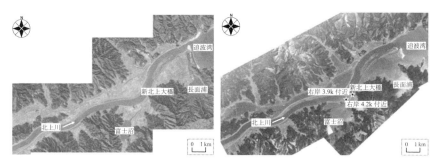

写真 9.7　上空写真（2006 年撮影）　写真 9.8　上空写真（2011 年 3 月 19 日撮影）

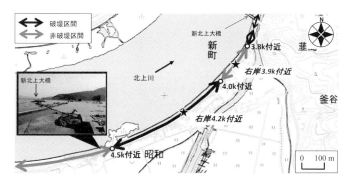

図 9.1　新北上川堤防右岸における検討対象地点と被災・無被災実績

本節では，比較的近接しているにも関わらず，被災状況が大きく異なる新北上川堤防 R3.9k 付近（非破堤区間）および R4.2k 付近（破堤区間）を対象に，強震動と津波の複合影響に関するハイブリッド解析の結果[2]を例示する。

9.2.2 ハイブリッド解析

図 9.2 および図 9.3 は，本震前の状況（FEM 解析モデル）とともに，津波到達時間（本震発生後 2,640s）における圧密沈下を考慮した残留変形状況を等倍スケールで示す。図 9.2 および図 9.3 のように，津波到達時点の堤防の変形状況は，天端が沈下および堤外地側へのはらみ出しであり，この変状は R3.9k お

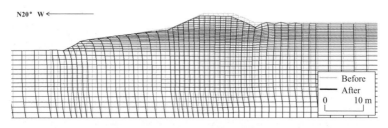

図 9.2 津波到達時間における等倍変形状況（R3.9k）

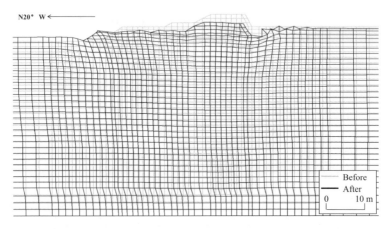

図 9.3 津波到達時間における等倍変形状況（R4.2k）

9.2 地震動被害と耐津波性

およびR4.2kにおいて共通である。しかし，R3.9kに対してR4.2kの残留変形は，本震前の堤体の原形を留めないほど非常に大きくなっている。

図9.4は，上記の動的有効応力解析により求められた変状を津波前の形状にしたケース（変状有ケース）および本震時の地震動の作用による変状を考慮していないケース（変状無ケース）における津波越流解析の結果（水面形状と流速ベクトル分布）の比較である。図9.4における流速ベクトルの水平成分に着目すると，R3.9kでは変状の有無による有意な差異が確認できないのに対し，R4.2kでは変状有ケースのほうが明らかに大きな値を示している。

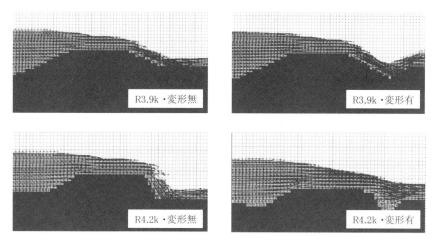

図9.4 準定常時における津波挙動（水面形状と流速ベクトル）

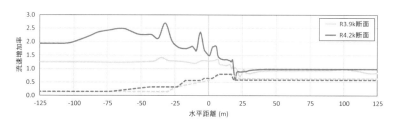

図9.5 水平方向の流速増加率（＝変状有／変状無）の比較
　　　（破線：堤体形状）

図 9.5 は，流速の増加率（変状有／変状無）について R3.9k と R4.2k で比較したものである。図 9.5 に示す通り，R3.9k 堤防前面における増加率はおおむね 1.0〜1.3 程度であるのに対し，R4.2k 堤防前面における流速増加率は 1.4〜2.7 程度の値を示している。すなわち，地震動による変形が比較的小さい R3.9k では流速増加率が小さな値を示しているのに対し，地震動による変形が比較的大きい R4.2k では流速増加率が増大している。従って，地震動による堤体の変形が大きくなるのに伴い，流速増加率が増大していく可能性が示唆される。

9.2.3 河川堤防の耐震性と耐津波性の複合関係

動的有効応力解析と津波越流解析によるハイブリッド解析の結果により，地震動による堤体の変形程度と津波越流による流速増加率の関係性が示された。また，この関係性は，新北上川堤防の被災実績に対して矛盾しておらず，R3.9k が今次津波の越流後も残存した要因は，津波来襲前の地震動による堤体の変形が小さく，堤防の高さが保持されたために，堤防前面において津波流が抑制され，その結果，津波による越流時の流速が抑制されたためと推察される。一方で，R4.2k が破堤した要因は，津波来襲前の地震動による堤体の変形が大きく，堤防の高さが低くなったために，堤防前面において津波流が抑制されず，その結果，堤体部の越流時の流速が抑制されなかったためであると推察される。

ここで，津波の越流による侵食は，特に流速の大きさに関係するので，越流前に堤防の高さが確保されていることが越流による被害を抑制することになる。従って，上記の結果は，津波の越流による堤防の被害を軽減し，堤内地への影響を抑制するためには，地震動による堤防の沈下を抑制することが効果的であることを示唆しており，その意味で，堤防の耐震性向上が津波の越流対策にも深く関わっていると言える。

9.3 避難時間の予測

9.3.1 南海トラフ巨大地震による津波避難

3.11 地震の発生を受け,南海トラフにおいても,M9 程度の巨大地震(南海トラフ巨大地震)の発生が想定され,主に震源域では非常に強い揺れに襲われることが予想されている.さらに,沿岸部では,南海トラフ巨大地震の発生後数分で巨大津波の来襲も予想されている.現在,地方自治体による津波避難困難区域の設定などでは,避難移動開始時間が一定(本震発生後一律 5 分)として取り扱われているだけでなく,避難移動速度も一定(30m/min)と仮定されており,地域の特性が反映されていない.

本節では,和歌山県串本町(図 9.6 参照)の街地を対象に高密度常時微動計測[3]を行い,南海トラフ巨大地震による強震動の作用が津波避難に及ぼす影響[4]とその影響等を踏まえて津波避難困難区域を抽出[5]した結果を例示する.

9.3.2 強震動作用中の避難困難時間の評価

図 9.7 は,高密度常時微動計測により得られた串本町の街地における H/V スペクトルのピーク周波数の分布である.図 9.7 に示すように,砂洲地盤や埋立

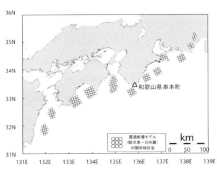
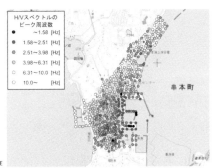

図 9.6 南海トラフ巨大地震と串本町 図 9.7 H/V スペクトルのピーク周波数分布

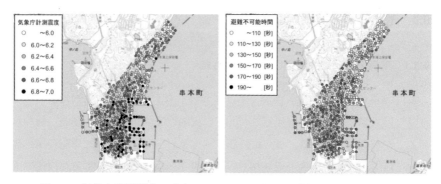

図 9.8 気象庁計測震度の分布　　図 9.9 避難不可能時間の分布

て地盤で構成される南東地域では比較的低周波帯域（1〜4Hz 付近）にピークを示す周波数があり，同じ街地内でもピーク周波数の値に有意な差異が見られる。

図 9.8 は，南海トラフ巨大地震の SMGA モデル（基本ケース：図 9.6 参照）に基づく強震動予測によって得られた気象庁計測震度の分布である。内閣府による検討会では，街地内全域にわたり一様に震度 7 と予測されているものの，図 9.8 に示すように，地盤震動特性の差異（図 9.7 参照）に起因して，街地内での震度分布は一様とならず，震度 7 の予想地域は南部に集中する傾向にある。

図 9.9 は，街地内における本震時の強震動作用中の避難不可能時間の分布である。ここに，避難不可能時間は，予測地震動の瞬間計測震度の時刻歴を計算し，瞬間計測震度が最終的に 4.0 を下回るまでの連続時間とした。常時微動 H/V スペクトルのピーク周波数が比較的低周波帯域（1〜4Hz 付近）にある砂洲地盤・埋立て地盤で構成される南東地域（図 9.7 参照）では，図 9.9 に示す通り，避難不可能時間が比較的長くなる傾向が見られる。すなわち，串本町の街地内における地盤震動特性の差異などによって，当該地域が有する強震動作用中の避難不可能時間の分布に有意な差異がある。

9.3.3　地域特性を考慮した津波避難困難区域の抽出

図 9.10 は，津波避難に関する歩行実験に基づく強震動予測地点（図 9.8 およ

び図 9.9 参照）から周辺の指定避難場所までの所要時間の分布である．図 9.10 に示す通り，街地における避難所要時間の分布に有意な差異が確認できる．

図 9.11 は，串本町の街地における避難余裕時間の分布である．ここに，避難余裕時間は，本震発生後の津波来襲予想時間（図 9.12 参照）に対して，強震動作用中の避難不可能時間（図 9.9 参照）と強震動作用後の避難所要時間（図 9.10 参照）を差し引くことによって算定した．すなわち，避難余裕時間が正の値であれば避難に対して時間的余裕があるのに対し，避難余裕時間が負の値であれば避難に対して時間的余裕がないことを意味している．図 9.11 に示すように，串本町の街地において避難余裕時間の分布は一様ではなく，津波避難パフォーマンス（当該地域内の各地点が潜在的に有する津波避難に関する余裕時間）に有意な差異があることが確認できる．また，北東部の埋立地付近において避難余裕時間が集中的に小さな値（負の値）を示しており，今後，当該地域（串本病院跡地など）において何らかの津波避難対策を講じる必要性が示唆される．

図 9.13 は，串本病院跡地に今後何らかの津波避難施設が新設された場合の津波来襲予想地域における避難余裕時間の分布である．ここに，串本病院跡地に津波避難施設が新設されたものと仮定して，上記と同様に歩行実験を再度実施することで避難余裕時間を新たに算定している．図 9.13 に示すように，津波避難施設を仮新設した北東部の埋立地付近において避難余裕時間が比較的長くなっていることから，津波避難施設が新設された場合の効果が顕著に表れている．

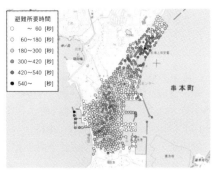 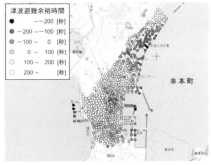

図 9.10　避難所要時間の分布　　図 9.11　避難余裕時間の分布（新設なし）

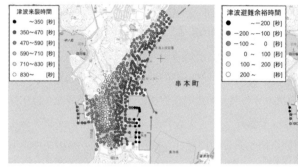

図 9.12　津波来襲時間の分布　　図 9.13　避難余裕時間の分布（新設あり）

　上述したプロセスの採用により，これまで困難区域・非困難区域という2つの区域に大別されていた津波避難パフォーマンスをより詳細に評価可能となっただけでなく，独立に考えられてきた地震動と津波による影響を同時に考慮した防災戦略の策定などが可能となっている．すなわち，津波防災を考える上で津波来襲前の地震動の影響に留意する必要性が高いことが示唆される．

参考文献

1) 常田賢一，Rakhmadyah Bayu，谷本隆介，中山義久：2011年東北地方太平洋沖地震の津波による堆積土の堆積特性に関する調査，土木学会論文集 A1, Vol.69, No.4, pp.I_235-251, 2013.
2) 秦吉弥，谷本隆介，常田賢一，舘川逸朗：河川堤防における強震動および津波の複合影響に関するハイブリッド解析，土木学会論文集 A1, Vol.70, No.4, pp.I_369-383, 2014.
3) 秦吉弥，湊文博，山田雅行，常田賢一，魚谷真基：和歌山県串本町における高密度常時微動計測，物理探査，Vol.68, No.2, pp.83-90, 2015.
4) 湊文博，秦吉弥，山田雅行，常田賢一，鍬田泰子，魚谷真基：高密度常時微動計測に基づく和歌山県串本町における南海トラフ巨大地震の強震動評価と津波避難に及ぼす影響，土木学会論文集 A1, Vol.71, No.4, pp.I_123-135, 2015.
5) 秦吉弥，湊文博，常田賢一，小山真紀，鍬田泰子，山田雅行：強震動予測および歩行実験に基づく津波避難困難地域の評価—和歌山県串本町を例として—，土木学会論文集 B3, Vol.71, No.2, pp.I_671-676, 2015.

第10章 盛土による多重防御を考える

　3.11 津波の後，中央防災会議[1,2] は高台移転と多重防御を復興の基本戦略として打ち出している。ここで，多重防御は数 km 規模の広い範囲が対象であり，従来の防潮堤に加えて，防潮林，道路盛土，鉄道盛土などにより，津波の内陸への進行方向に障壁的な構造物を配置して，津波の浸水を防止，抑制するものである。本書では，これを "広域多重防御" と呼ぶ。

　一方，沿岸埋立地に立地する石油コンビナートのような数百 m 規模の比較的狭い敷地内でも，盛土などによる津波浸水あるいは背後地への流出抑制のための多重防御が考えられる。本文では，このような狭い地域を対象とする場合，新たな視点として "狭域多重防御" と呼んで区別する。

　本章は，これらの 2 形態の多重防御における盛土の位置づけを明確にして，その活用方策を示す。

10.1　広域多重防御

　広域多重防御の戦略構想は 3.11 津波後に提起されたが，3.11 津波の際にも，盛土などの遮断的機能を持つ構造物により，多重防御の機能が発揮され，津波の浸水を抑制した事例がある。本節では，まず，多重防御の概念を考察し，次に，盛土による多重防御の事例を示す。さらに，盛土を活用した広域多重防御の計画，設計の概念を提起し，津波シミュレーション解析による津波減勢の効果の検証例を示す。

10.1.1 広域多重防御の意義

復興戦略は図4.2で概念が示されている．ここで，高台移転は，リアス式海岸のように，津波高が高く，防潮堤などの整備が困難な海岸が対象とされ，他方，多重防御は，平野部海岸のように構造物の多重化により防潮が可能な海岸が主な対象とされている．

さて，多重防御による津波対策を具体化する際には，以下の課題がある．

(1) 各構造物に要求できる防潮機能の定義，効果を明確にすること．
(2) (1)により，各構造物の津波防潮に果たす役割分担を明確にすること．
(3) 平野部の価値ある土地が，農地などの利用に制限されること．
(4) 住宅エリアの造成に際して，降雨，地震動などに対応する安定性を確保すること．

上記のうち，(2)については，多重防御を構成する構造物などに関係する行政機関が異なり，対応が縦割りになる恐れがあるため，相互に連携して，無駄をなくして，効果を上げることが重要である．そのためには，(1)が深く関わっており，各構造物の防潮機能を定量的に評価することが，工学的な課題である．

例えば，海から海岸，さらに内陸に至る範囲には，写真10.1のように，離岸堤，砂浜，防潮堤，保安林，水路，道路盛土など，多様な構造物がある．従って，

写真10.1　津波防潮に関わる多様な構造物：20110314 12:36 アジア航測(株)／加筆

10.1 広域多重防御

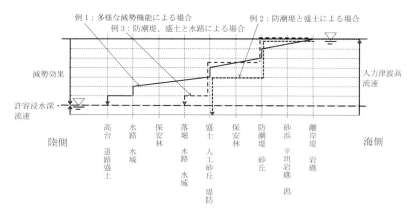

図 10.1 多重防御による津波減勢の概念例

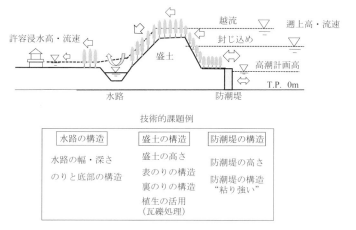

図 10.2 盛土, 防潮堤, 水路による多重防御の概念例

これらの構造物の防潮機能を利用して多重化する考え方として, 図 10.1 の概念がある。同図では, 入力条件となる海からの津波の津波高や流速を, 防潮堤などの各種の構造物により減勢し, 目標とする住宅などの許容浸水深・流速まで低下して, 所要の被害レベルを実現するのが基本姿勢である。その場合, 浸水の減勢を期待する構造物の組み合わせが必要である。図中には, 例 1：多様な

減勢機能による場合，例2：防潮堤と盛土による場合，例3：防潮堤，盛土と水路による場合を例示してある．これらの実現には，浸水深や流速の減勢効果の定量化が必要であり，その評価方法は今後の技術的な課題である．

例えば，例3の概念は図10.2で表示できるが，防潮堤，盛土，水路の各構成構造物の防潮機能を評価するためには，各構造物で解決すべきさまざまな技術的課題があり，今後の研究・開発が待たれる．

10.1.2 広域多重防御における盛土の活用

広域多重防御として盛土を活用する姿勢には2形態が考えられ，特に，沿岸部における構造概念は図10.3で示せる[3,4]．つまり，すでに防潮堤が整備されている，あるいは今後，防潮堤を整備する場合，盛土は防潮堤の背後で，いわゆる2線堤として設置することになる．この場合，防潮堤はレベル1津波に対応するので，盛土はレベル2津波による浸水に対応させる．この場合，浸水深より高い盛土高であれば，盛土によりレベル2津波を抑制でき，盛土高が低く，越流する場合でも背後での浸水深を抑制できる．

一方，現在，防潮堤がなく，今後，防潮堤を盛土により整備する場合は，本堤として機能させることになる．その場合は，既存の防潮堤と同様に，レベル

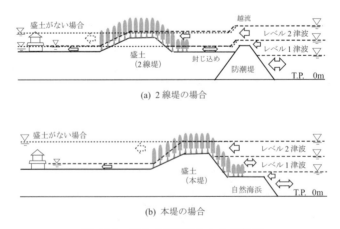

図 10.3　盛土を防潮堤とした形態例

1津波を想定する場合とレベル2津波をも考慮する場合が考えられる。

10.1.3 盛土による広域多重防御の事例

3.11津波でも盛土が防潮堤を補完する防潮機能を発揮した事例がある。まず，仙台東部道路（写真2.74）は，海岸から数kmの位置にあるので，越流はせず，道路盛土が浸水を抑制したとされている。本事例については，第2章で考察したように，3つの条件が幸いしたといえる。また，千葉県の旭海岸で防潮堤の背後の盛土（写真2.70）は，2線堤の役割を果たしている。

さらに，複数の盛土による多重防御の好例として，岩手県大槌町浪板地区の併設された道路盛土と鉄道盛土がある。数少ない貴重な事例であるが，3.11津波による浸水状況と盛土の被害の特徴は，以下の通りである[5]。

浪板地区は，写真2.78の津波前の状態が，3.11津波により写真10.2のように，浪板川河口付近の低地部で甚大な浸水被害が発生した。低地部は幅350m程度，奥行き700m程度であるが，国道45号とJR山田線が横断しており，いずれも浪板川の渡河部は橋梁，それ以外は盛土である。前者は海岸線から100m程度，後者はさらに200m程度の山側にあるが，それぞれ防潮堤の背後の2線堤，3線堤としての多重防御の構造と見なせる。

写真10.2 津波後の浪板地区：Google earth 20110406に加筆

3.11津波による当地区の遡上高は19m程度であるが，道路盛土（天端 T.P.9m 程度）および鉄道盛土（施工基面高 T.P.17m 程度）では押し波と引き波のいずれも越流している。

津波来襲時の写真の推移によれば，第1波の遡上時間は 15:10〜15:35 辺りで，盛土の越流時間は，道路盛土で 15 分程度，鉄道盛土で 10 分程度と推測され，第2波の遡上時間は 15:50〜16:05 辺りで，道路盛土で 5 分程度越流したが，鉄道盛土は越流していないと推測される。また，道路盛土のもっとも低い位置にある橋梁（橋面標高 8.7m）の浸水深は 18.7m であり，+1.0m の潮位などの補正を考慮すると越流深は 10.0〜11.0m，鉄道盛土の越流深は 2〜3m と推定される。

図 10.4 はおおむね浪板川に沿った海陸方向の断面における盛土高と浸水高の対比である。ここで，遡上上端の痕跡高は 18.7〜19.7m であり，おおむね 19〜20m と推察されるが，海岸から遡上上端までほぼ同じ浸水高であり，遡上高に基づく以上の考察では，両盛土による浸水抑制効果は見られない。これは，浪板川に沿った低地の奥行きが 700m と狭く，そこに大規模な津波の浸水により滞水状態になり，盛土による多重防御による減勢効果は現れ難かったと推察される。もし，陸側の浸水域の奥行きが広い場合は，防潮効果は明確になると思われる。

写真 10.3（三陸国道事務所による）は国道 45 号の浪板橋の右岸橋台から釜石側の盛土を臨んでおり，橋台背後の盛土の海側の侵食が顕著であるが，引き波に起因する。しかし，舗装の表層・基層が剥離しているものの，欠落しない

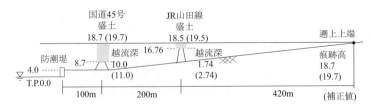

図 10.4　道路盛土と鉄道盛土の海陸方向の越流深の推定の概念

10.1 広域多重防御　　　　　　　　　　　　　　　　　201

写真 10.3　越流後の道路盛土／加筆

写真 10.4　越流後の鉄道盛土

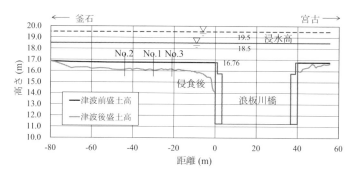
図 10.5　縦断方向の天端の侵食分布

ように路床が残留しており，破堤していない．また，盛土一般部は車道舗装が残留している．また，写真 10.4 は浪板海岸駅からの浪板川橋と盛土の全景である．橋桁，盛土一般部のバラストとレールが流出し，海側ののり面が侵食しているが，決壊はしていない．図 10.5 は縦断方向の侵食後の天端形状であるが，盛土一般部の天端中央の侵食深は 0.60〜0.71m である．また，図 10.6 は横断面の形状例であるが，表のりおよび裏のりで侵食しており，押し波および引き波の越流が分かる．また，侵食深は天端および裏のりで 0.5〜1.0m 程度，表のりでは 2m 程度であり，引き波による侵食が大きい．

　以上から，浪板地区の津波高は 19〜20m 程度であり，道路盛土での越流深は 10〜11m，鉄道盛土では 2〜3m であり，いずれも第 1 波は押し波と引き波が越

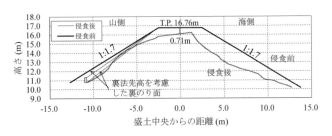

図 10.6　横断面の侵食状況：No.1 地点

流したが，いずれの盛土も破堤せず，粘り強いことを示しており，特に道路盛土は舗装が残り，盛土高が保持されている．

10.1.4　広域多重防御の効果の検証

前節では，道路盛土と鉄道盛土による津波の浸水抑制が明確には捉えられなかったため，ここでは，道路盛土と鉄道盛土の有無による津波の浸水状況の変化，言いかえると，多重防御の効果を数値解析的に検証する[6]．

国土交通省の手引き[7]の非線形長波理論式に基づいて津波シミュレーションを行うが，ネスティング手法により，広域（1350km×1822.5km，1350mメッシュ）から，対象地域（3.75km×2.0km，10m メッシュ）までの計算を実施する．対象とする海岸の津波高は，上記の手引きに例示されている藤井・佐竹 ver4.6 モデル[8]を基本モデルとする．ただし，浪板地区の津波高を再現するように，基本モデルのすべり量を 1.5 倍に調整した断層モデルとする．なお，相田[9]による幾何学平均 K および幾何標準偏差 κ により，遡上高（実測値）と算定した津波高の適合度を判断する．

解析に用いた地形データは，岩手県提供のデータを用いたが，盛土の天端高は，JR 東日本による標高データ，東北地方整備局三陸国道事務所の緊急調査報告書を参照する．なお，盛土の天端高の再現のために，メッシュの境界には天端高と同等の格子境界壁を設置する．なお，侵食による盛土形状の変化を考慮できないが，盛土は決壊していないので，影響はないと判断する．

解析ケースは，Case1：道路盛土と鉄道盛土がある場合，Case2：道路盛土のみがある場合，Case3：鉄道盛土のみがある場合，Case4：道路盛土と鉄道盛土がない場合の4ケースとし，盛土の有無による津波減勢の効果を比較する．ここで，効果の評価項目は浸水面積および津波到達時間とする．なお，津波到達時間は，地震発生から浸水深が20cmに達するまでの時間で定義する．

Case1〜Case4の浸水面積を図10.7に示す．同図より，道路盛土と鉄道盛土がない場合は，他のケースよりも浸水面積が大きく，両盛土がある場合がもっとも小さい．盛土がある3ケース間では，鉄道盛土だけでも両盛土がある場合とほぼ同程度であり，道路盛土だけの場合よりも効果がある．これは，津波の規模が大きいため，海側にある道路盛土よりも山側にある鉄道盛土による効果が卓越しているためである．

一方，津波到達時間は，両盛土がない場合と比較して，盛土がある場合と両盛土がない場合（Case4）の到達時間の差で表すと図10.8になる．ここで，津波到達時間の差が正の数値で大きいほど，盛土による遅延効果がある．同図から，道路盛土だけの場合，道路盛土背後の広い領域で10秒以上，部分的には60秒以上，津波の到達が遅い．また，鉄道盛土だけの場合，鉄道盛土背後における津波の到達は10秒以上遅い．しかし，いずれの場合も渡河部付近，つまり

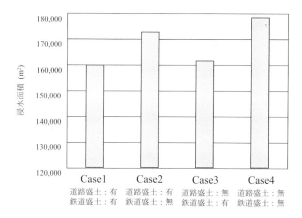

図10.7 盛土の有無による浸水面積の比較

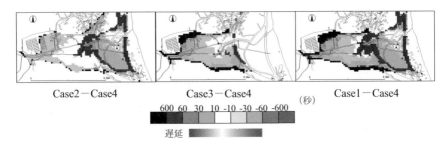

図 10.8　盛土がない場合（Case4）に対する津波到達遅延時間の分布

盛土の開口部付近では遅延効果は見られない．さらに，2つの盛土がある場合，それぞれの盛土の遅延効果を合算した遅延を示し，ほとんどの領域で津波の到達は 10 秒以上遅延している．

以上，浸水面積および津波到達時間のいずれでも，盛土の存在は浸水の抑制に効果があり，盛土を多重に設置することにより，さらに浸水が抑止できることが分かる．

10.2　狭域多重防御

南海トラフ巨大地震が危惧される東海・近畿・四国・九州地方が，3.11 地震の被害を受けた東北地方と異なる点は，写真 10.5 のように沿岸域に埋立地が多く，かつ被災した場合に甚大な被害に結びつく可能性がある石油・ガスなどのコンビナートが多く立地していることである．それらの施設は，津波に対しては海に面する最前線にあるので，津波防潮および施設被害の背後地への波及防止の役割がある．そのため，敷地内における多重防御，言いかえると，狭域多重防御に関わる被害状況を概観するとともに，新たな視点から提示する狭域多重防御の計画，設計の概念を提起し，津波シミュレーション解析により効果の試算例を示す．

写真 10.5　沿岸部にあるコンビナートのタンク群：Google earth 20100505

10.2.1　石油コンビナートなどの状況

　古くは 1964 年新潟地震でも石油タンクの火災が発生しており，その後の地震でもタンク火災は発生してきている。これらのタンク火災の原因は地震動に起因するものであるが，3.11 地震では発災が津波により広範囲に拡大し，影響したことが特徴である。そのため，津波が想定される場合は，敷地内の火災に留まらず，背後地を含めた防災，減災の取組みが必要になる。

　現在，各コンビナートでは，地震動に起因する液状化対策などは対策が採られているが，被災経験の皆無な津波に対する防災の認識は十分とは言えないのが現状と思われ，予防保全的な視点による検討，対応の実施が必要である。

写真 10.6　自然の丘地形による津波減勢：Google earth 20110406 に加筆

なお，写真 10.6 は三陸海岸のある湾内の 3.11 津波後の状況であるが，特に注目すべきは，沿岸のタンク施設が流出していない点である。これは，タンク施設の陸側には小高い丘地形があり，これにより押し波の流速などが抑制され，かつ引き波の直接的な作用が減じられたためと推察される。この丘地形は盛土より規模が大きいが，このような地形条件により，津波流が抑制されることは参考になる。

10.2.2　狭域多重防御の概念

現在，稼働している石油コンビナートの状況などを勘案すると，津波の減災のためには，以下の点に留意が必要である。

A. 防災の基本姿勢の明確化
(1) 発災とその影響は，敷地内に留めること。
(2) 応急復旧は，自主・自助による。
B. 防災の基本要求事項の明確化
(1) 敷地外の火災・延焼防止のために，油類を敷地外へ漂流出させない。
(2) 敷地内の発火防止・初期消火をする。
(3) 敷地外での衝突・破壊の防止のために，構内の施設，設備（タンクなど）を敷地外に漂流出させない。
(4) 施設の衝突・破壊の防止のため，外部からの漂流物を流入させない。

これらを一つでも実現するための方策の一つとして，盛土の利活用を考えると，図 10.9 の狭域多重防御が提示できる。同図に示すように，敷地内に設ける盛土は，以下に示す多様な機能の発揮が期待できる [10]。

(1) 防潮堤の背後の防潮盛土は，防潮堤を超えた津波，漂流物の敷地内への流入を抑制する 2 線堤になる。
(2) 敷地内の仕切り盛土は，タンクへの浸水を抑制する。
(3) 敷地内の道路盛土は，浸水後の避難や救急のための通路になる。

(4) 敷地境界盛土は，敷地内の機材などを背後地に漂流出させない．

ここで，既存の施設用地内で盛土を整備できるかが課題であるが，写真 10.7 のように，通常，敷地内には植樹帯や境界空地があるので，これらの空間を利用して盛土を構築することが考えられる．また，図 10.9 の防潮堤の背後の 2 線堤の具体的なイメージは，写真 10.8 の沿岸部の様子で例示できる．同写真から分かるが，盛土部は植樹が施されており，景観上も好ましい湾岸風景を形成している．

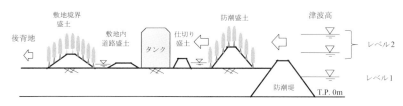

図 10.9　コンビナートにおける狭域多重防御の概念

(a) 敷地内空地

(b) 敷地境界の植樹帯

写真 10.7　コンビナート敷地内のオープンスペース

写真 10.8　防潮堤背後の盛土のイメージ例

10.2.3 狭域多重防御の効果の試算

石油タンクがあるコンビナートの模擬モデルを想定し，コンビナート内およびその背後地の浸水深，流速により，盛土の構造条件（高さ，配置など）による津波の減勢効果を検討する[10]。数値シミュレーションは数値波動水路（CADMAS-SURF 2D）[11]による2次元断面とするが，地形モデルおよび初期水位の全体図を図10.10，拡大図を図10.11に示す。海域における水深および海底勾配は，当該地域の水深分布地図に基づく。また，津波の造波手法はダム破壊法とし，段波の初期水位は南海トラフ地震発生時の大阪湾岸部における津波高（4m）を再現するように設定する。

図10.11のように，汀線から内陸300mまでをコンビナートの敷地，300〜600mまでを背後地とし，コンビナートの敷地の前後の2箇所の境界に同一高さの盛土モデル，中央にタンクモデルを配置する。ここで，タンクの平面的な設置密度は，流れ方向に直交する断面におけるタンク幅（直径）の占有割合を設置密度とし，透過率で考慮する。盛土高は敷地の両境界で同一として，0，1，2，3mとする。

タンクの設置密度（透過率）が50%の場合について，盛土高によるコンビナート敷地内と背後地において，時間的な平均である浸水深および流速は，それぞれ図10.12(a)および(b)である。ここで，盛土高が1mの場合，2つの盛土の直背後では変化があるが，全体的には敷地内および背後地での浸水深および流速の低減は僅かである。また，盛土高が2mの場合，特に，敷地内の流速の低

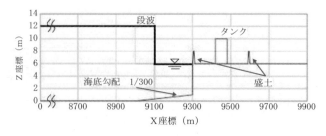

図10.10 全体モデル

10.2 狭域多重防御

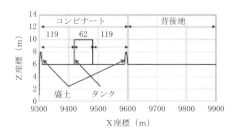

図 10.11 陸上部の拡大モデル

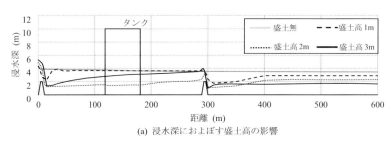

(a) 浸水深におよぼす盛土高の影響

(b) 流速におよぼす盛土高の影響

図 10.12 盛土によるコンビナート敷地内および背後地の浸水特性

減が大きいが，これにより浸水深が増加している。そして，背後地では浸水深の低減は見られるが，流速は変わらない。さらに，盛土高が 3m の場合，敷地内の浸水深が低下し，特に流速の低減が大きい。

以上から，コンビナートにおける盛土による防潮に関しては，さらに検討が必要であるが，津波高（浸水高 4m）に対して，基本的に盛土高は高い方が望ましく，相応の高さ（同 3m）の盛土であれば，敷地内および背後地における浸水深，流速，つまり抗力の低減が期待できる。

参考文献

1) 中央防災会議：「東北地方太平洋沖地震を教訓とした地震・津波対策に関する専門調査会」中間とりまとめに伴う提言～今後の津波防災対策の基本的考え方について～，平成 23 年 6 月 28 日．

2) 中央防災会議：東北地方太平洋沖地震を教訓とした地震・津波対策に関する専門調査会報告，平成 23 年 9 月 28 日．

3) 常田賢一，谷本隆介：津波被害からの知見とハード対策の方向性の考察（その 4），地盤工学会誌，Vol.59，No.11，pp.26–32，2011.

4) 常田賢一：巨大津波被害から考える盛土の粘り強さと防潮対策としての活用，地盤工学会誌，Vol.62，No.1，論説，pp.2–5，2014.

5) 常田賢一，嶋川純平，植田裕也，小林拓也，大塚隆人，永井浩泰：道路盛土と鉄道盛土の耐津波性および津波多重防御の検討，関西 Geo-Symposium2014，2014.

6) 嶋川純平，常田賢一：津波に対する盛土の多重防御の事例と効果の検証，平成 27 年度近畿地方整備局研究発表会，地域づくりコミュニケーション部門，No.14，2015.

7) 国土交通省：津波浸水想定の設定の手引き Ver.2.00，2012（http://www.mlit.go.jp/river/shishin_guideline/bousai/saigai/tsunami/shinsui_settei.pdf）

8) 藤井雄士郎，佐竹健治：藤井・佐竹 ver4.6 モデル 5.6.html

9) 相田勇：三陸沖の古い津波のシミュレーション，地震研究所彙報，Vol.52，pp.71–101，1977.

10) 嶋川純平，常田賢一，小林拓磨：石油コンビナートにおける盛土による津波狭域多重防御の検証，Kansai Geo-Symposium2015，No.7–5，2015.

11) (財) 沿岸開発技術研究センター：数値波動水路（CADMAS-SURF）の研究・開発，沿岸開発技術ライブラリー No.12，2001.

第11章 津波に対する盛土の活用の取組みを知る

3.11地震により発生した3.11津波により，防潮堤が壊滅的な被害を受けたにも関わらず，土構造の盛土が津波の浸水や越流に対して粘り強く残留した例がある。そのため，将来の津波に対して，盛土を津波に対する避難場所，防潮構造として活用することが考えられるが，既に新たな取組みも始まっている。しかし，その姿勢は必ずしも上記の津波の教訓を十分に活かしているとは言えず，かつ個別対応的であり，課題も見られる。

そのため，津波に対して盛土の体系的な利活用のための区分方法を提示し，それにより既往および新規の盛土の関係事例を集約するとともに，利活用のための技術的留意点を示し，将来の津波防災における盛土の有効活用に資する。

11.1 盛土の機能・構造の分類

防潮盛土あるいは避難盛土について，構造機能だけでない多面的な評価が必要である。第4章で示したように，評価項目には，1) 構造機能，2) 耐久性，3) 点検性・補修性，4) 津波減勢性，5) 海陸交流性，6) 景観性・自然性，7) 空間利用性，8) 経済性があるが，防潮堤と比較して，いずれの評価項目に対しても，盛土は優位にあるので，その利活用が望まれる[1]。

津波に対する盛土の位置付けは，以下の3つの形態が考えられる。なお，"既存"とは3.11津波以前，"新規"とは3.11津波以降とする。

既存：津波防潮・避難などが（自然に）意識されている既存盛土

既存・被災：3.11 津波による被災により，津波防潮・避難などが認識された
　　　　　既存盛土
新規：3.11 津波を踏まえ，将来の津波防潮・避難などのための新たな盛土

また，盛土の機能により，以下の3つの型に区分する。

防潮型：防潮を目的とする場合
避難型：一時的な避難場所・公園などにする場合
居住型：永久的な居住地などにする場合

さらに，盛土の形式により，以下の3形式に区分する。

堤防型：延長があり防潮機能がある場合
築山型：比較的小規模なスペースで避難場所・公園などにする場合
高台型：築山型より比較的広いスペースがあり，居住地などにする場合

ここで，築山型で延長があり防潮が期待できる場合は，"築山・堤防型"とする。なお，堤防型の場合は堤防方式により"本堤"と"2線堤"に区分する。

11.2　既往の事例と新たな取組みの事例

現在，津波に対する防潮，避難などを目的とした盛土は，表11.1の事例がある。前章までと重複する部分もあるが，以下の22事例の特徴などを示す。

No. 1：広村堤防（和歌山県広川町）
No. 2：井土浦堤防（仙台市若林区井土浦地区）
No. 3：波板・道路盛土（岩手県大槌町波板地区・国道45号）
No. 4：波板・鉄道盛土（岩手県大槌町波板地区・JR山田線）
No. 5：旭海岸・盛土（千葉県旭海岸西足洗～三川）
No. 6：閖上浜・仮置き盛土（宮城県名取市閖上浜）
No. 7：閖上浜・防砂盛土（宮城県名取市閖上～仙台空港東）

11.2 既往の事例と新たな取組みの事例

表 11.1 津波に対する盛土の活用事例

事例No.	位置付け	対象盛土			構造特性など				
		名称	場所	事業者など	機能	形式	堤防方式	盛土構造 (H:地盤高)	特徴
1	既存	広村堤防	和歌山県広川町	広川町・浜口梧陵	防潮	堤防型	本堤	T.P.5m, H=3m, L=700m	1854年安政南海地震後に浜口梧陵氏が築造
2	既存・被災	井土浦堤防	仙台市若林区井土浦	仙台河川国道事務所	防潮	堤防型	本堤	H=3.9m 2009年嵩上げ	2011東北津波の越流(押し波, 越流深3.85m)
3	既存・被災	波板・道路盛土	岩手県大槌町浪板地区国道45号	三陸国道事務所	防潮	堤防型	2線堤	H≧5m	2011東北津波の越流(押し波・引き波, 越流深10〜11m)
4	既存・被災	波板・鉄道盛土	岩手県大槌町浪板地区JR山田線	JR東日本	防潮	堤防型	2線堤	H=6〜7m	2011東北津波の越流(押し波・引き波, 越流深2〜3m)
5	既存・被災	旭海岸・盛土	千葉県旭海岸西上洗〜三川	千葉県(自転車道,保安林)	防潮	堤防型	2線堤	H=2m, 約L=3km	2011東北津波の越流(押し波, 津波高4.5m以上, 越流深0.5〜1m)
6	既存・被災	閖上浜・仮置き盛土	名取市閖上浜	(閖上漁港)	防潮	堤防型	本堤	H=5.6m, L=150m, 天端幅24m	2011東北津波:浸水深6.1m, 0.5m程度越流
7	既存・被災	閖上浜・防砂盛土	名取市閖上〜仙台空港東	宮城県	防潮	堤防型	本堤	H=1.5m, 約L=3.5km	2011東北津波:浸水深6.1m, 4.6m越流
8	既存・被災	日鐵住金建材・築山	仙台市宮城野区港	日鐵住金建材(株)	避難	築山・堤防型	2線堤	H=5m, T.P.10m, L=180m, 天端幅5m, 底面幅30m	2011東北津波:浸水深3m, 非越流 築後35年
9	既存・被災	冒険広場・築山	仙台市若林区	仙台市	避難	築山型	—	L=400m, B=50m, H=14.9m	2011東北津波:浸水深10.55-13.8m, 非越流
10	既存・被災	閖上・日和山富士	名取市閖上	—	避難	築山型	—	H=6.55m	2011東北津波:浸水深8.65m, 2.1m越流
11	既存・被災	岩沼海浜緑地・展望台	岩沼市下之郷	岩沼市	避難	築山型	—	H=9.8m	2011東北津波:浸水深6.8m, 非越流
12	既存・被災	岩沼海浜緑地・築山	岩沼市二野倉	岩沼市	避難	築山型	—	H=9.5m	2011東北津波:浸水深3.9m, 非越流 液状化痕
13	既存・被災	仙台東部道路・盛土	仙台市〜山元町	NEXCO東日本	防潮避難	堤防型	2線堤	H=7-8m	2011東北津波:浸水深1-2m, 非越流
14	既存	渥美半島ぼた	田原市日出町	愛知県	防潮	堤防型	本堤	H=2m(目測)	盛土・植栽
15	新規	仙台市県道10号・盛土	仙台市七北田川〜名取川	宮城県	防潮	堤防型	2線堤	H=6m, L=10km	2011東北津波:平坦道路, 浸水深3m
16	新規	新日鐵住金・スラグ盛土	和歌山市	新日鐵住金(株)和歌山事業所	防潮	堤防型	2線堤	T.P.19.5m, GL13m, 勾配1:1, 約L=1.3km	堤体:鋼製スラグ利用
17	新規	浜松・防潮盛土	浜松市天竜川〜浜名湖	静岡県	防潮	堤防型	本堤	T.P.13-15m, L=17.5km	盛土・植栽, コア:CSG改良土
18	新規	千年希望の丘	岩沼市相野釜公園	岩沼市	避難	築山型	—	築山:H=10m, T.P.9.2m, 園路:H=3m, 法勾配1:3〜1:4, 堤体:津波堆積土砂	海岸と貞山堀の間約9kmに渡り, 15箇所の築山と盛土園路 実測上高+8m 2013-2015事業
19	新規	袋井・平成の命山	袋井市湊	静岡県	避難	築山型	—	T.P.10m 盛土高7.2m 天端1300m²	想定浸水深1-2m 2013.12完成
20	新規	津・香良洲高台防災公園・高台	三重県津市香良洲町新開地	津市	避難	高台型	—	上部平場:T.P.+10.0m, 約3.6ha(190m×190m), 現地盤高:T.P.+3.0m, 造成面積:約6ha(220m×270m), 土量約470,000 m³, H24-33事業	
21	新規	閖上・宅地盛土	名取市閖上	宮城県	居住	高台型	—	天端高T.P.5m, 天端面積32ha, 盛土高約3.5m	津波高10m
22	新規	陸前高田・宅地盛土	陸前高田市	岩手県	居住	高台型	—	防潮堤(背面盛土)高T.P.12.5m, 盛土高5m以上	

No. 8：日鉄住金建材・築山（仙台市宮城野区港）

No. 9：冒険広場・築山（仙台市若林区）

No.10：閖上・日和山富士（宮城県名取市閖上）

No.11：岩沼海浜緑地・展望台（宮城県岩沼市下之郷）

No.12：岩沼海浜緑地・築山（宮城県岩沼市二野倉）

No.13：仙台東部道路・盛土（仙台市〜山元町）

No.14：渥美半島・ぼた（愛知県田原市日出町）

No.15：仙台市県道 10 号・盛土（仙台市七北田川〜名取川）

No.16：新日鐵住金・スラグ盛土（和歌山市）

No.17：浜松・防潮盛土（浜松市天竜川〜浜名湖）

No.18：岩沼・千年希望の丘（宮城県岩沼市相の釜公園）

No.19：袋井・平成の命山（静岡県袋井市湊）

No.20：津・香良洲高台防災公園・高台（三重県津市香良洲町新開地）

No.21：閖上・宅地盛土（宮城県名取市閖上）

No.22：陸前高田・宅地盛土（岩手県陸前高田市）

【No.1】広村堤防

　和歌山県広川町にある広村堤防は，津波防潮を目的として築堤された，わが国で先進的かつ代表的な防潮堤である。"稲むらの灯"で知られている 1854 年安政南海地震の津波被害を契機として，浜口梧陵氏が私財を投じて，延長約 700m に渡り築堤したものである。

　図 11.1 は 15 世紀初頭に畠山氏が築いた波除石垣（防浪石堤）の概念図[2]であるが，浜口梧陵氏が植林・築造した松並木（防浪林，防潮林）と土盛の堤防（防浪土堤）がある。写真 11.1 は現在の状況であるが，写真 11.2 のように，150年経過後も自然の風景と一体となった姿を残している。堤防天端は海抜 5m であるが，港の護岸あるいは後背地の住宅地からの高さは 3m 程度である。

　この堤防の効果は，図 11.2 のように，92 年後の 1946 年昭和南海地震により来襲した津波に対して，堤防背後の浸水が抑制されてことにより実証されてい

11.2 既往の事例と新たな取組みの事例 215

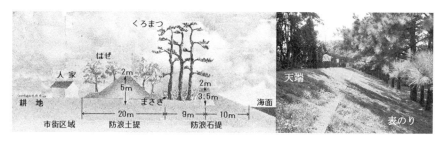

図 11.1　広村堤防の断面図：気象庁 HP　　　写真 11.1　現在の広村堤防

写真 11.2　現在の海側からの広村堤防

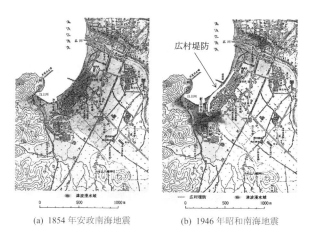

(a) 1854 年安政南海地震　　　(b) 1946 年昭和南海地震

図 11.2　広村堤防の構築前後の浸水域の比較：気象庁 HP に加筆

る。しかし，同津波の津波高は 4m とされており，将来，危惧されている南海トラフ巨大地震の津波高は堤防高を超えると予想される。

例えば，図 11.3 は，南海トラフ巨大地震 (M9.1) に関する広川町の津波ハザードマップの一部である。想定された津波高は 9m であり，おおむね 37 分後に津波が到達し，最大の浸水深は 5〜10m が想定されている。

なお，広川町では 11 月 5 日に津波祭が行われ，1854 年の大津波により犠牲になった人々の霊を慰め，濱口梧陵氏らの偉業とその徳を偲んでいる。その始まりは 1903 年とされ，広村の有志の人々が 50 回忌を記念して，旧暦の 11 月 5 日に堤防へ土盛りを始めたことが始まりとされている。祭りにあわせて津波防災訓練を行うなど，先人の偉業への感謝と防災意識が伝承されている。

図 11.3　広川町津波ハザードマップ：抜粋・加筆・白黒表示

【No.2】井土浦堤防

　仙台市若林区井土浦地区にある，3.11 地震の 2 年前に嵩上げされた高さ 3.9m，天端幅 7m，のり勾配 1:2，延長約 1.5km の河川堤防である[3]。第 2 章で示したように，津波の越流深は 3.95m（推定）であるが，表のりの侵食は皆無，天端の舗装の剥離も軽微，裏のりも表層部の侵食に止まり，沿岸部の防潮堤のような致命的な破堤には至っていない。落堀が埋め戻され，簡易なのり面および舗装の修復により，2015 年 9 月現在，写真 11.3 の状況にある。

　盛土であっても，適正な締固め管理により難浸透性が確保できれば，4m の越流深の押し波でも軽微な被害に留まり，盛土の耐津波性，耐浸食性があることを示す貴重な事例である。

　将来，3.11 津波と同等なレベル 2 津波が来襲しても，3.11 津波と同様な破堤しない被害に留まると思われる。

写真 11.3　現在の堤防：201509

【No.3】浪板・道路盛土

　岩手県大槌町浪板地区では，道路盛土と鉄道盛土が二重にあり，その侵食状況などが特筆できる[4]。国道 45 号の道路盛土は三陸国道事務所が管理しているが，迅速な復旧により地震後 6 日目には仮復旧されている。道路の被害は津波の越流に起因し，浪板橋の上下流に併設された側道橋の桁と橋脚の流出，橋台背面盛土の侵食，欠落および盛土一般部の表層侵食，防護柵の流出，歩道用

L型擁壁の転倒，舗装の剥離などである。

　ここで，低地部を横断する盛土は，橋梁付近で盛土高 6m 程度，のり勾配 1:1.5 の両盛土構造であり，幅員 8m の本線 2 車線の両側には L 型擁壁あるいは組立歩道による歩道が設置されていた。

　一方，浪板橋は橋長 25.1m の 2 径間 PC プレテン単純 T 桁橋であり，上下流には橋長 37m および 44m の 2 径間の鋼桁側道橋が併設されていた。基礎地盤は地表下 1m 程度以深が N 値 20 以上の礫質土層である[4]。

　3.11 津波により，道路盛土は 10～11m（推定）の押し波と引き波による越流があったが，橋台背後の盛土の海側の引き波による侵食は顕著であるものの，盛土一般部では舗装が残留し，破堤はしていない。残留した盛土本体に覆土をして，速やかに応急復旧（写真 11.4）されてから，4 年余が経過した現時点では，写真 11.5 の状況にある。

　本例は，所要の締固め管理がなされ，天端が舗装されている道路盛土であり，10m 規模の越流深の押し波と引き波に対しても，難浸透性のために軽微な被害に留まり，盛土の耐津波性，耐浸食性があることを示す貴重な事例である。

　No.2 と同様に，将来，3.11 津波と同等なレベル 2 津波が来襲しても，破堤しない被害に留まると思われる。

(a) 釜石側から　　　　　　　　　　(b) 宮古側から

写真 11.4　応急復旧の状況：三陸国道事務所による

11.2 既往の事例と新たな取組みの事例

写真 11.5　現在の盛土：宮古側から 201406

【No.4】浪板・鉄道盛土

No.3 の道路盛土の 200m ほど山側にある JR 山田線の鉄道盛土である。本線は釜石市〜宮古市間の路線であり，1938 年に延伸開業して現在に至っているが，橋梁一般図，縦断図以外の鉄道盛土の構造諸元や堤体特性に関するデータは不明である。沿岸部では 3.11 津波の被害を受けたが，将来の本路線の扱いが決まっていないため，2014 年 6 月時点では被災当時のまま存置された状態である（写真 11.6）[4]。

浪板地区の鉄道の被害は，浪板川橋（3 径間単純上路鋼鈑桁，橋長 39.92m）の桁の流出，橋台の山側のウィングの欠損，橋台背面盛土の両面侵食，盛土一般部の天端・両のり面の侵食，天端の軌道部（レール，枕木，バラスト）の山側への流出などであるが，盛土一般部は決壊していない。

藤原ら[5]は，鉄道盛土の津波被害パターンを"バラスト流出型"，"海側のり面損傷型"，"山側のり面損傷型"，"両側のり面損傷型"，"饅頭型"および"完全流出型"の 6 つに分類しているが，当地区は浪板海岸駅から浪板川橋の釜石側 70m までは"両側のり面損傷型"，それより釜石側は"バラスト流出型"に相当する。

舗装されている道路盛土と異なり，越流深 2〜3m の押し波と引き波により天端のレール，枕木，バラストが流出し，のり面（特に，海側）の表層は侵食しているが，決壊には至っていない。建設が 1935 年ごろであるため，盛土の締固

め管理も十分とは言えないが，この程度の被害に留まったと見ることもできる．

また，No.3 と同様に，複数の盛土による多重防御の事例としても，貴重な事例である．

(a) 浪板駅から釜石側を臨む

(b) 波板川橋

(c) 盛土の天端

写真 11.6　復興を待つ鉄道盛土：201406

【No.5】旭海岸・盛土

千葉県の旭海岸では，写真 11.7 のように，防潮堤の背後に自転車道があり，さらにその背後は高さ 2m の盛土構造になっている．盛土の越流深は 0.5〜1.0m 程度（推定）であり，裏のり尻では小規模な侵食がある程度である．仮に，この盛土がなかったとすると，背後地の浸水深は 1.5m ほど増加し，2〜2.5m に達したと思われる．

この盛土は，背後地の保安林などの防砂，防風を意図していると思われるが，防潮堤の背後にある 2 線堤の機能があり，盛土による多重防御ともいえる．

なお，盛土の縦断方向の河口部，海へのアクセスによる開口部などでは，津波の浸水があること，盛土端部の侵食があることに注意が必要である。

写真 11.7　2 線堤としての盛土

【No.6】閖上浜・仮置き盛土

宮城県名取市の閖上漁港には，海側に砂浜があるが，津波前から高さ 5.6m，天端幅 24m，表のり勾配 1:2.7，延長 150m 程度の土砂の仮置き盛土があった[1]。写真 11.8 は，上段が津波前（2009 年 8 月 14 日），下段が津波後（2011

写真 11.8　津波による変化：上段/津波前，下段/津波後　Google earth に加筆

年4月6日）であるが，上段には砂浜にシートで被覆された盛土があることが分かる．下段の津波後は，シートが流出しており，現地でも流されたシートの残骸が見られたが，盛土は残留している．そのため，この盛土により津波（浸水高 6.1m）の進入が抑制され，背後の保安林が残留していると推察できる．この残留した盛土の天端には，30cm ほどの松の若木が残されていたので，盛土の越流深は僅か（0.5m）と推定される．そのため，表のりに顕著な侵食はなく，盛土全体は軽微な侵食に留まっている（写真 11.9）．盛土材が閖上魚港の浚渫土とすれば，透水性が高い砂が主体であり，締固め管理も十分とは言えないが，津波が抑制されたと思われる．

仮に，この盛土にしかるべき延長があったとすると，津波の浸水は相当な範囲で抑制できたと推察されるが，本例は，高さがある盛土は，高さに相応した機能により，津波の進入を抑制できることを示唆する貴重な事例である．

(a) 表のり肩　　　　　　　(b) 裏のり面

写真 11.9　越流後の状況：201109

【No.7】閖上浜・防砂盛土

No.6 の閖上浜の南側で，仙台空港の東側に至る区間は無堤区間であったが，保安林の海側には防砂用と思われる低盛土があった．この盛土は越流深 4.5m 程度の津波を受けたが，覆土の下にジオテキスタイルが敷設されていたため，補強の効果が実証されている場所がある．写真 11.10 は No.6 の背後（山側）で

あり，津波が抜けた位置にあった低盛土（高さ 1.6m，底面幅 12.8m）の津波後の状況である．写真から分かるように，厚さ 0.6m 程度の覆土は流出しているが，ジオテキスタイルで覆われた部分は侵食が抑制され，残留している．このような補強効果に関しては，第 8 章の 8.2 節の水路越流実験で検証している．

なお，写真 11.11 は，写真 11.10 の盛土から南側に 1km 辺りであるが，ジオテキスタイルで補強された低盛土は，決壊している箇所もあれば，裏のりの侵食に留まっている箇所もある．さらに，南側の仙台空港の東側付近は，写真 11.12 の状態であり，低盛土はほぼ完全に流出している．

このように，同一構造の盛土について，津波による変状の推移を示すこれら

写真 11.10　侵食を限定化した補強盛土

写真 11.11　決壊していない箇所もある低盛土

写真 11.12　決壊した低盛土

の事例は，海岸あるいは津波の条件により，被害のレベルが異なること，越流により残留する場合があることを示唆する貴重なものである．

【No.8】日鐵住金建材・築山

　仙台新港の一角にある日鐵住金建材(株)では，事業敷地内に盛土があり，3.11津波の際には，社員と近隣の住民が避難し，一夜をすごしたという[6]．写真11.13のように，敷地と道路の境界の盛土は，高さ5m（T.P.10m），天端幅5m，延長150mである．津波時の浸水深は3mであり，盛土の天端は浸水を免れた．

　当該盛土は，敷地の造成に伴った残土を活用し，敷地境界空間，事業のための試験フィールド，緑化空間など，多様な目的があったようであるが，津波に対する盛土機能としては，避難型である．技術的な課題としては，除草・伐開による日常的な管理による避難空間の確保，近隣建物からのアクセス性の向上などが考えられる．

　本例は，盛土の構築後35年の津波で効果を発揮した先見的な事例である．

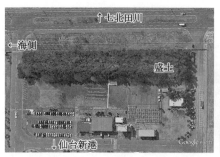
(a) 上空からの盛土の配置：Google earth 20140410 に加筆

(b) 盛土の近景

写真11.13　盛土の状態

【No.9】冒険広場・築山

　仙台市若林区の県道10号の海側に隣接して整備された冒険広場がある．県道側から海側に向かって高くなる盛土構造であり，頂上の地盤高は14.9m程度

写真 11.14 津波後の冒険広場の築山

である。3.11 津波による盛土周囲の浸水深は 10.55～13.8m と推定される。盛土の海側の東端は，津波の水衝部になり，両側の盛土側面に沿って内陸に浸水したが，水衝部，側面ののり面ともに侵食は僅かであり，盛土全体は安定を保持している（写真 11.14）。3.11 津波時には，管理事務所の職員と近所の住民が避難している。

本事例は，盛土の侵食は僅かであり，津波高以上の標高があれば避難場所になることを示唆する。

また，津波後"冒険広場いのちの森"造りの活動があり，野鳥や虫などの生き物が集まり，子供も大人も安らぎ，集う"ふるさとの森"を目指している。植物生態学者の宮脇昭博士（横浜国立大学名誉教授）の指導の下，仙台市を始めとする諸団体の協力の下，冒険広場の東側の斜面の一角で，2011 年 7 月 31 日に市内外の 300 人が植樹をしている（写真 11.15）。

なお，写真 11.16 は，盛土の側面の覆土が，津波により侵食して，内部のごみが露出している状況である。仙台市が当地を処分場とし，ごみを覆土により盛土とし，公園として公共利用していると思われる（市には未確認）。見方を変えると，盛土を津波防災の場として考えると，盛土内部の空間利用の一例と考えられる。なお，津波廃棄物をセメントで固化してブロック状にしたアップサイクルブロックを，盛土材として利用する方法（8.4 節）も空間利用の一つである。

これらは，第 4 章の 4.3 節の津波防潮の評価の視点の一つである，盛土に固

第 11 章　津波に対する盛土の活用の取組みを知る

(a) 展望台から太平洋を望む　　　　　　(b) 植樹の状況

写真 11.15　冒険広場いのちの森：展望台から太平洋側を臨む斜面

写真 11.16　盛土の側面の侵食で露出したごみ

有な"空間利用性"の具体例である。

【No.10】閖上・日和山富士

　名取市閖上地区には，日和山富士と呼ばれる小高い盛土がある。写真 11.17 は，津波後の状況であり，盛土の天端の地盤高は 6.55m 程度であるが，柴山ら[7]の盛土頂部の松の木の高さ 2.1m での浸水痕跡によれば，この盛土付近の浸水深は 8.65m になる。そのため，天端の広さは 10m×20m 程度であるが，3.11 津波では，避難場所にはならなかったことになる。写真 11.18 は津波から 4 ヶ月経過した日和山であるが，鳥居が建て替えられた他は，特に変わった様子は見られない。

　なお，盛土の斜面の侵食は表層的であり，欠損や崩壊の発生はないので，盛

11.2 既往の事例と新たな取組みの事例

写真 11.17　陸側からの津波後の日和山

写真 11.18　海側からの日和山：20110710

写真 11.19　新旧の混在：20150908

土自身の津波の越流あるいは側面の流れによる不安定化はない。

写真 11.19 は津波後，4 年半が経過した状態である。日和山の近くに記念碑が建てられているが，被害を受けた当時の状態の建物もあり，意味深い風景になっている。

当事例は，盛土の高さが足りないと，津波は越流し，避難場所には成り得ないことを示唆する。

【No.11】岩沼海浜緑地・展望台

岩沼市の岩沼海浜緑地があり，その一角に写真 11.20 の展望台がある。盛土構造であり，地盤高 9.8m で，天端は直径 10m の広場になっている。海岸から

300m 程度の距離であるが，3.11 津波による浸水深は 6.8m であり，越流はしていない。盛土ののり面の侵食は僅かであり，問題はない。公園内の施設であり，付近に野球場があるが，海浜あるいは園内の来場者などが避難する場所になると思われる。

写真 11.20　岩沼海浜緑地内の築山

【No.12】岩沼海浜緑地・築山

　岩沼市の岩沼海浜公園の貞山運河沿いに，ローラーすべり台が設置された高台があった。海岸から 800m 程度の距離にあり，写真 11.21 は海側の低地から見た盛土である。保安林のある低地から高さ 2.6m 程度が下部盛土として造成され，上部盛土は，天端が 20m×30m 程度の広場であり，低地からの高さは 9.5m である。管理事務所の浸水深は 1.3m 程度であるので，低地からの浸水深は 3.9m

写真 11.21　海側からの下部盛土と上部盛土

写真 11.22　天端広場の亀裂

写真 11.23　のり面部の噴砂痕

になる。

　従って，上部の盛土は越流していないが，天端のブロック敷きの広場は，波打った変状，亀裂が発生（写真 11.22）し，盛土斜面のクラックにつながっている。さらに，南斜面の下方には，噴砂痕（写真 11.23）があり，下部盛土あるいは基礎地盤の液状化の発生が推察される。

　本事例は，津波の来襲前の地震動による盛土が損傷していると，津波の浸水あるいは越流に対する耐津波性が低下する恐れがあるので，津波だけでなく，地震動に対する耐震性の照査の必要性を示唆している。

【No.13】仙台東部道路・盛土

　仙台平野の名取川の河口から左岸上流 2.5km 付近にある仙台東部道路の盛土構造について，盛土高は 7〜8m 程度であるので，津波は越流していない。道路盛土から望む海側の住宅被害や漂流物の状況が山側よりも顕著であるため，道路盛土による津波浸水の抑制効果が見られている。そのため，津波後，高速道路の盛土による津波抑制の事例として，その意義が強調された。

　一方，2.8節で言及したように，道路盛土の防潮性に関しては，(1) 道路盛土の越流の有無，(2) 河川上流での越流の有無および (3) 道路盛土の平面線形の方向が重要であるが，3.11 津波に対する仙台東部道路では，いずれにおいても好条件にあったと言える。

　なお，本道路盛土は，地震後に多重防御とともに避難場所としても再認識さ

れており，写真 11.24 のように，既設の道路盛土に避難用の階段が整備されている。

写真 11.24　設置された避難階段

【No.14】渥美半島・ぼた

　愛知県の渥美半島の田原市の太平洋側には，写真 11.25 の遠州灘に面した延長 5km ほどの堀切海岸がある。西側（写真の下）の石門駐車場付近はコンクリート護岸でしっかり整備されているが，その東側は，砂浜，海岸護岸あるいは砂丘により形成される沿岸構造は異なり，写真のように 3 区分できる。区間 A は，砂浜の背後に砂丘崖が形成され，消波ブロックによる護岸保護が施されている。区間 B は，区間 A の砂丘崖あるいは区間 C の砂丘を埋め土し，駐車場が造成されており，のり面保護が施されている。区間 C は，自然の砂丘が残されており，背後の保安林に繋がっている。なお，いずれの区間も砂丘崖の上に相当する高さに，渥美豊橋サイクリングロード（自転車道）が整備されている。

　さて，この海岸には，"ぼた" と呼ばれる津波防潮のための盛土があるが[8]，1854 年安政南海地震など，昔から高潮や津波によって大きな被害を受けていたため，貝殻に土を混ぜて "貝ぼた" と呼ばれる堤防を造り上げたと言われている。なお，一般的に "ぼた" とは，石炭の採掘などの際に発生する捨石のことであるが，当地では貝殻が捨石に見立てられているようである。

11.2 既往の事例と新たな取組みの事例

写真 11.25 海岸の全景と区分：大円は写真 11.26，小楕円は写真 11.27 の位置

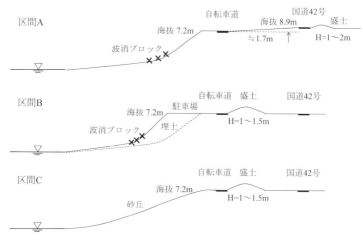

図 11.4 区間ごとの盛土（ぼた）の状況

ここで，現地の状況によると，ぼたの位置や規模は上記の3区間で異なり，図 11.4 の横断面の概念で対比できる．ここで，3区間での自転車道は，同一の海抜で，海岸からの距離が等しい位置に整備されているとして，自転車道を基

写真 11.26　区間 A の盛土（ぼた）　　　写真 11.27　区間 B の盛土（ぼた）

準として図化してある．また，海抜の基準値は，区間 A の国道 42 号で表示されている路面高の 8.9m とし，自転車道は国道 42 号より 1.7m ほど低いことから，自転車道の海抜を 7.2m と推測した．

　現地の状況から，区間 A では，自転車道の海側と国道 42 号の間には保安林があるが，盛土構造はなく，国道 42 号の側に沿って高さ 1〜2m の盛土がある（写真 11.26）．区間 B は駐車場の背後の自転車道に沿って盛土があり，草木の繁茂により高さ 2〜3m に見えるが，盛土高は 1〜1.5m 程度，底面幅は 7〜8m である（写真 11.27）．区間 C は自然砂丘が自転車道に繋がり，区間 B と同様に自転車道に沿って高さ 1〜1.5m の盛土がある．

　以上，"ぼた"の高さは 1〜2m 程度であるので，その天端の海抜は 9〜10m 程度であるが，国が公表（2012 年 8 月）した南海トラフ巨大地震による田原市の最大津波高は 22m，津波到達時間は 12 分とされているので，津波に対する"平成のぼた"として津波対策の検討が必要と思われる．

【No.15】仙台市県道 10 号・盛土

　仙台市若林区の海岸から 1〜2km ほど内陸に，ほぼ海岸線に平行な県道 10 号がある．写真 11.28 は復興の工事状況であるが，津波前の平坦道路は盛土構造で再構築される．盛土高は 6m，天端幅 10m，のり勾配 1:1.8 の 2 車線道路である[9]．整備延長は，七北田川から名取川の間の約 10km であり，盛土構造による津波防潮が考慮されている．これにより，盛土背後の浸水高は 2m 以下になるとされており，越流しない盛土高であるが，横断ボックスなどの開口部か

11.2 既往の事例と新たな取組みの事例

(a) 山側からの盛土

(b) 盛土の天端からの現道

写真 11.28 工事中の県道 10 号の盛土：201509

らの浸水によると思われる．また，震災瓦礫と津波堆積土を混合し，盛土材として活用している．

本事例は，多重防御を実現する道路盛土として，先進的な取組みであり，早期の整備が期待される．

【No.16】新日鐵住金・スラグ盛土

新日鐵住金 (株) 和歌山事業所は，製鉄の過程で出る鋼製スラグの利用方法の一つとして，盛土材の利用を試行している．事業敷地内に高盛土（T.P.19.5m，盛土高 6.5m，のり勾配 1:1）を 1.3km ほど構築している[10]．

写真 11.29 は盛土前面，写真 11.30 は海上からの状態であるが，路体部が出

写真 11.29 防潮堤の背後の盛土

写真 11.30　海上からの盛土

来上がった段階にある。防潮堤の背後の 2 線堤としての盛土であるが，その高さから津波防潮の機能は相当高いと思われる。

なお，改良土であるため，所要の強度を満足すれば，安定性の問題はないと思われる。既に，盛土ののり面の植栽を試行しているように，景観などに対する措置が取られるとよい。

【No.17】浜松・防潮盛土

写真 11.31 は静岡県浜松市の海岸であり，かなり幅がある砂浜の背後は保安林であり，海岸護岸はほとんどない状態である。静岡県は，図 11.5 のように，浜松市の浜名湖から天竜川に至る約 17km の保安林用地内において，盛土による防潮堤を整備している[11]。また，堤防の構造（高さなど）と想定する津波高の関係は，図 11.6 のようになる。

写真 11.31　海側からの海岸の風景例：浜名バイパス坪井 IC 付近 20151107

11.2 既往の事例と新たな取組みの事例 235

図 11.5　盛土による津波防潮区間 [11]

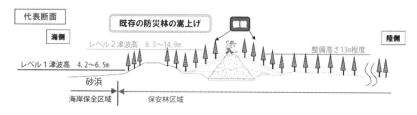

図 11.6　盛土構造と想定津波高の関係 [11]

同図によると，整備される盛土の天端高は 13m 程度であり，他方，津波高はレベル 1 津波で 4.2～6.5m，レベル 2 津波で 8.5～14.9m である．従って，この天端高では，レベル 2 津波が越流する箇所があるが，その後の見直しで，レベル 2 津波の津波高に合わせている．

また，特筆されるのは，盛土の内部構造であり，津波波力に対抗する芯として CSG（Cemented Sand and Gravel）改良体を堤内に入れている．同工法は，フィルダムや砂防ダムで使用実績があるが，第 7 章の浸透実験からも明らかなように，盛土内部において津波波力は作用せず，加えて，遮水も必要はないと思われる．さらに，堤防高は想定津波高にあわせているので，その条件下では津波の越流がないので，さらに津波の影響は緩和されると思われる．従って，本例の場合，"津波の波力に対抗する芯"としての改良体の設置は，津波防潮の要求性能には馴染まないと思われる．

ただし，第 8 章でアップサイクルブロックの盛土材としての利活用を検証したように，津波廃棄物などを再利用する場合は，目的が異なるので，盛土などへの改良体の適用は考えられる．

写真 11.32 および写真 11.33 は，工事中の防潮堤の様子である．No.1 の広村

写真 11.32　工事中の防潮堤：20151107

写真 11.33　内陸側からの工事中の防潮堤：20151107

堤防に倣った"平成の広村堤防"とも言える事例として意義が高く，将来，防潮堤が完成し，保安林が成長すると，現在よりも高さがある防潮帯が形成されるだろう。

【No.18】岩沼・千年希望の丘

　宮城県岩沼市は，3.11 津波の復興事業の一つとして，災害廃棄物の再生活用，津波の波力の減衰，避難場所の確保，鎮魂などの目的により，盛土による高台を整備している。"千年希望の丘"と名付けて，海岸と南貞山運河堀の間の，海岸線に沿う約 9km に渡り，15 箇所の築山と盛土園路を整備する予定である[12]。図 11.7 は全体計画の一部であるが，1 号丘と 2 号丘は盛土であり，それらはやや低い盛土による園路で結ばれている。

　例えば，1 号丘は，3.11 津波の津波高を考慮した高さ 8m，のり勾配 1:3〜1:4，

天端の直径は 12m で，100m^2 の広さがあり，周回する遠路部は，高さ 3m，天端幅 5m であり，のり面には植樹がされている。

現在，この公園の周囲は荒地であり，運河西側の商業地域および海浜からの一時的な避難場所として機能すると思われるが，園路の形状や高さからすると，津波の減勢機能は低いと思われる。

図 11.7　千年希望の丘・相野釜公園の盛土の配置：201509 案内板を撮影／加筆

写真 11.34　2 号丘を臨む：201509

【No.19】袋井・平成の命山

　静岡県袋井市には，命山と呼ばれる築山がある。1680年の台風は，この一帯に大きな被害をもたらし，高波，高潮で6千軒余の家屋が流され，300人余が命を落としたと伝えられている。これにより，村人は集落のなかに築山を造ったが，300年以上たった現在も，中新田命山（写真11.35），大野命山（写真11.36）が残り，先人の知恵を伝えている。いずれも現在の国道150号から50〜100m程度の海側にあるが，中新田命山は方形で，底面は東西27m，南北30.5mであり，高さは5mである。また，大野命山は小判型で，東西24m，南北38m，高さ3.7mである。

写真 11.35　中新田命山：20171107

写真 11.36　大野命山：20151107

写真 11.37　湊命山：Google earth 20140410 に加筆

写真 11.38　湊命山の近景：20151107

写真 11.39　中新田の平成の命山
20151107

写真 11.40　避難タワー例：磐田市
掛塚横町

　さて，3.11 津波の後，"平成の命山（以下，湊命山）"と呼ばれる築山が袋井市湊地先で整備されている[13]）。写真 11.37 のように，海岸から 1.3km ほど内陸の平坦地で，国道 150 号の海側に隣接し，新たな避難場所として整備された盛土である．写真 11.38 のように，天端高 T.P.10m，盛土高 7.2m，天端面積約 1,300m^2 であり，2013 年 12 月に完成した．盛土の天端は約 1,300 人の収容規模である．

　また，中新田命山から 100m ほど東側の国道 150 号沿いでも，湊命山と同様な新たな命山が整備されている．写真 11.39 は完成間近の様子であるが，円形であり，湊命山よりも収容規模は小さい．

　これらの命山は，天端面積と収容規模によれば，緊急的な避難場所であるが，長期間，例えば，3.11 津波の場合の仙台平野での 2～3 日の滞水のような状態が発生する場合は，行動，活動が制約されることに注意が必要である．

　いずれにしても，これらの命山は，静岡平野の海岸近くの平坦地における津

波避難の意識の高さを示しているが，近年，盛んに整備されている鉄骨構造の避難高台（写真11.40，タワー高8.5m，屋上階の海抜12.3m）に対して，盛土による人工高台である。それぞれ，収容規模，用地規模，建設費，日常的利用などで特長があるので，現地の状況に応じた検討が望まれる。

【No.20】津・香良洲高台防災公園・高台

三重県津市の香良洲町新開地では，海岸沿いに香良洲高台防災公園が計画され，図11.8が全体計画図である[14]。盛土による高台は，天端高がT.P.10mで面積約3.6haと大規模である。図11.9は海陸方向の断面であるが，盛土高は防潮堤がある海側で4～4.5m，山側で6mとなる。

本事業の事業年次は2012年度～2021年度とされており，国土交通省と三重県津建設事務所の協力のもとで，河川しゅんせつ土や道路建設・治山・砂防事業による排出土も有効利用し，高台造成事業に取り組む予定とされている。

本事例は，後述のNo.21やNo.22のように，相当大規模な盛土であるが，後

図11.8 完成予想図 [14]

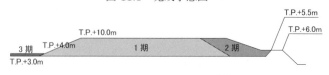

図11.9 完成予想断面 [14]

述の事例と異なるのは，住宅地などの土地利用ではなく，常時は公園などで使用されることである。

【No.21】閖上・宅地盛土

3.11 津波により甚大な被害を受けた宮城県名取市閖上地区は，海岸からやや離れた平野部に，32ha の広さがある宅地盛土を造成する復興策が採られている。

図 11.10[15] は海側から内陸にかけての断面図であるが，3.11 津波と同規模の津波高 10m のレベル 2 津波を想定している。この津波に対して，海岸の閖上浜には第 1 次防御ラインとなる防潮堤（海抜 7.2m）を設けて，越流量を低減する。そして，防潮堤の越流水は，閖上漁港，貞山運河を経ながら浸水深を減じるが，第 2 次防御ラインの東端（図の右側）の盛土位置で津波高を 5m と想定している。この津波高に対して，盛土の天端高を T.P.5m（地盤高：3.9m 程度）としているので，盛土上は浸水しないことを想定している。

なお，2 次防御ラインは居住区と非居住区の境界とされ，山側の居住区では戸建て住宅，災害公営住宅，小中学校が設置され，海側の非居住区では水産加工団地や漁港地区として整備され，閖上漁港を拠点とした生産活動が行われる。

この復興計画に対する住民や関係者の合意は，必ずしもすんなりとは行かず，ようやく 2013 年 11 月下旬に決まったとのことである。写真 11.41 は，現地（2015 年 9 月時点）にある造成地内に設置された盛土事業の説明用の看板であるが，盛土は県道 10 号（塩釜亘理線）を挟んだ地区であり，2015 年 9 月現在，

図 11.10　地盤の嵩上げと津波防御ライン [15]：加筆

第 11 章 津波に対する盛土の活用の取組みを知る

写真 11.41　盛土の造成範囲：現在地に掲示された看板による／地名などを拡大追記

写真 11.42　盛土の造成状況：海側から閖上中学校を臨む

盛土は造成中であり，写真 11.42 は海側から閖上中学校を臨んだ盛土の状況である。

【No.22】陸前高田・宅地盛土

　岩手県陸前高田市は，約 7 万本の松による高田松原の景勝地であったが（写真 11.43[16]），3.11 津波により，写真 11.44 の奇跡の 1 本松を残してすべて流出し，背後の市街地も壊滅的な被害を受けた。

　復興は，図 11.11 に示す断面（左が海側）のように，海岸には松原を復元し，背面を盛土構造にした防潮堤（T.P.12.5m）を設けて，その背後を高田松原・防災メモリアル公園とする。さらに，その背後には T.P.5m 以上の盛土を造成して，高台移転を基本として，鉄道，幹線道路，商店街や住宅などの市街地を形

11.2 既往の事例と新たな取組みの事例　　　243

写真 11.43　津波被害前の高田松原　　写真 11.44　奇跡の一本松：2011 年 5 月
　　　　　　（2006 年 7 月）[16]

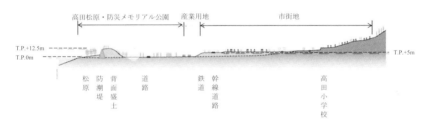

図 11.11　陸前高田市の復興の断面図[17]

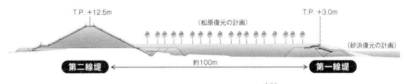

図 11.12　松原の復元断面[18]

成する街づくり計画である[17]。

　図 11.12[17] は海岸付近の松原の復元および防潮のための計画図（右が海側）であるが，気仙川水門と浜田川水門の間で，防潮堤を第 1 線堤（T.P.+3m, 1768m）として，その約 100m の背後に，盛土構造の第 2 線堤（T.P.+12.5m, 1872m）

を設けて，多重防御としている。第 1 線堤は砂浜の侵食防止，第 2 線堤は防潮堤としての役割であるが，後者の被災前の標高は 5.5m であった。第 2 線堤は，表のり尻と裏のり尻において，GCP（Gravel Compaction Pile）による地盤改良が行われ，盛土後，厚さ 0.5m のコンクリートブロックの 3 面張りで被覆されている。また，津波により侵食され水面下になったゾーンは埋め立てられているが，埋め立ておよび盛土構築に必要な土砂の大半は，気仙川の右岸背後の山を切り出して確保している。この土砂は，延長約 3km のベルトコンベアーにより，2014 年 3 月から 2015 年 9 月まで運搬されたが，総土砂量は 504 万 m^3 に上った。

11.3　盛土の利活用のための技術的な留意点

盛土の利活用に際しての要点は，以下の通りである。

(1) 盛土は，津波に対する多面的な評価において，優位性があり，その利活用が望まれる。

(2) 難浸透性の盛土は，津波越流に対して粘り強く，破堤し難い。

(3) 天端補強あるいは補強材による強化により，侵食の拡大抑制，侵食の限定化など，粘り強さが向上できる。

(4) 津波に対する盛土の利活用では，盛土の機能は防潮型，避難型および居住型，盛土の形式は堤防型，築山型および高台型，堤防型では堤防方式により "本堤" と "2 線堤" に区分することが実務上，有効である。

さらに，今後，津波に対する防潮・避難などのために盛土を利活用する際には，以下の点に留意するとよい。

(1) 要求機能を明確にし，その実現に合致した構造とすること

(2) 防潮機能では，高さの確保が有効であること

(3) 避難機能では，アクセス性の確保が必要であること

11.3 盛土の利活用のための技術的な留意点 245

(4) 盛土（特に，表層部）の難透水性を確保すること

(5) 盛土内部への影響は小さいため，盛土内部の材料は多様化（廃棄物収容など）が図れること

(6) 日常的な空間利用，避難訓練などを図ること

(7) その他

参考文献

1) 常田賢一：津波の防潮と避難のための盛土の活用に関する考察，関西 Geo-Symposium 2015，No.7–6，2015.

2) 気象庁：「稲むらの火」と史蹟広村堤防，西太平洋地震・津波防災シンポジウム，平成 15 年 3 月.

3) 常田賢一，竜田尚希，鈴木啓祐，谷本隆介：津波防潮堤の評価および防潮盛土の耐侵食性の確保・向上，土木学会論文集 B2（海岸工学），Vol.69，No.2，P0012，L_1016–L_1020，2013.

4) 常田賢一，嶋川純平，植田裕也，小林拓也，大塚隆人，永井浩泰：道路盛土と鉄道盛土の耐津波性および津波多重防御の検討，関西 Geo-Symposium2014，2014.

5) 藤原寅士良，白崎広和，青木貢，奥山昌樹，増井洋介：東北地方太平洋沖地震の津波による浸水盛土の被害分析，JR 東日本，STRUCTURAL ENGINEERING DATA，2012–5，No.39，pp.12–21，2012.

6) 日鐵住金建材 (株) による.

7) 柴山知也，松丸亮，Miguel Esteban，三上貴仁：宮城県・福島県津波被害調査，土木学会東日本大震災震災調査速報会，2011.

8) 大阪大学：青木伸一氏による.

9) 仙台市：仙台市震災復計画 資料編，平成 23 年 11 月.

10) 新日鐵住金 (株) 和歌山事業所による.

11) 静岡県：浜松市沿岸域防潮堤整備，平成 25 年 3 月 14 日.

12) 岩沼市：千年希望の丘整備事業，平成 27 年 7 月 16 日時点.

13) 袋井市：浅羽地区地域審議会たより，平成 26 年 2 月 15 日.

14) 津市：香良洲高台防災公園，広報 津，No.179，2013 年 6 月 1 日.

15) 名取市：閖上地区復興まちづくり全体説明会配付資料，30pp，2013 年 8 月.

16) 読売新聞　YOMIURI ONLINE から，写真特集　東日本大震災　20110408 時点.

17) 陸前高田市：陸前高田市震災復興計画，pp.14，平成 23 年 12 月.

18) 鹿島建設 (株)HP による.

第12章 盛土および津波防災の今後を展望する

　本書は，2011年東北地方太平洋沖地震（3.11地震）の津波（3.11津波）による多様な土木構造物などの被害から学べる知見を示すとともに，同津波で粘り強さを発揮した盛土に焦点を当て，津波の越流に対する盛土の粘り強さを明らかにすることにより，将来の津波減災のための盛土の活用について紹介した。

　本章では，津波防災に関わる盛土の多様性と将来，危惧されている南海トラフ巨大地震などによる津波に対する基本的な認識と姿勢を展望する。

12.1　将来の地震，津波に対する盛土の在り方

12.1.1　盛土の多様性

　中央防災会議による復興戦略で打ち出された“高台移転”あるいは“多重防御”では，盛土が多岐に渡り，深く関わる。図12.1は，3.11津波の復興あるいは将来の津波に対する防災・減災に関わる盛土を網羅している。同図のように，津波に関わる盛土は，沿岸部の防潮盛土だけでなく，内陸における道路盛土，鉄道盛土など，多重防御に関係する盛土の他，宅地盛土など，高台移転に関係する盛土があり，多種多様である。他方，これらの構造物の安定に関わる外力には，津波の来襲前に作用する地震動，さらに降雨などの作用があり，津波だけに止まらない。

　従って，津波の防災・減災のための盛土は，多様かつ汎用性が高い構造であるので，沿岸部の防潮堤だけでなく，幅広い活用を考えるとよい。その場合，盛

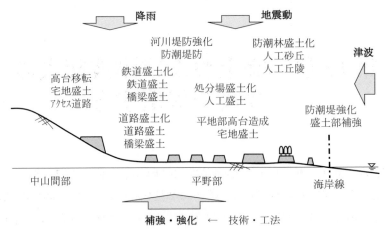

図 12.1 津波防災・減災に関係する多様な盛土

土の安定性の保証が基本であり，盛土の置かれる環境や条件に応じて，盛土構造の強化・補強の最適化のための技術・工法の研究・開発が必要である．

12.1.2 技術的な姿勢

　津波対策に際しては，本文の第 9 章で示したように，津波より前に到達する地震動に対する耐震性の確保が必須である．そのため，津波防災に関わる図 2.1 の防潮堤あるいは防潮盛土などでは，耐震設計が課題になる．

　ここで，道路施設の一つである道路橋は，古くから技術基準があり，道路橋示方書に基づいた耐震設計が実施され，耐震性が不足する既設橋も積極的に耐震補強が実施されてきているため，将来の巨大地震に対する備えの水準が高い．一方，道路橋と同じ道路施設である，切土・斜面安定施設，盛土，ボックスカルバートなどの道路土工構造物では，これまで技術基準がなく，耐震設計は義務ではない状況にあった．

　しかし，道路土工構造物を取り巻く環境が変化し，2015 年 3 月に国土交通省道路局により「道路土工構造物技術基準」が制定された．同技術基準は，道路橋などの道路施設に係わる基準としては最後の制定であるが，先行する基準に

倣いながらも，従来の基準にはない新たな姿勢を提起し，土工構造物の固有性
も考慮されている。

　従来に倣った点は，安全性，供用性および修復性に基づく性能区分であり，道
路橋と同様に，次の性能1，性能2および性能3が明示されている。

性能1：道路土工構造物は健全，または，道路土工構造物は損傷するが，当該
　　　　区間の道路としての機能に支障をおよぼさない

性能2：道路土工構造物の損傷が限定的なものにとどまり，当該区間の道路
　　　　の機能の一部に支障をおよぼすが，すみやかに回復できる

性能3：道路土工構造物の損傷が，当該区間の道路の機能に支障をおよぼす
　　　　が，致命的なものとならない

　また，地震動の作用は，レベル1およびレベル2が想定されている。

　一方，特徴的な新たな姿勢には，以下の3点がある。

(1) 土工構造物は他の構造物に密接に関係するので，土工構造物だけでなく，
　　道路の縦断方向に連続する構造物に対しては，道路のネットワーク機能
　　の重要性を鑑みて，性能を相互で整合させるようにし，横断方向に隣接
　　する構造物に対しては，道路用地外の第三者被害に対する安全性への配
　　慮を明確にしている。

(2) 新設または改築の土工構造物の設計基準ではあるが，土工構造物は土質
　　材料の不確定性などの特異性があることから，設計に留まらず，施工に
　　おいては設計で前提とする性能を満足することが明示されている。

(3) 新設だけでなく，維持管理の段階で経年的に変化し，土工構造物の安定
　　性に深く関わる水，地下水に対して，排水を義務化している。これは，土
　　工構造物の固有性に由来する。

　このように，津波防災に関係する盛土に対して，技術基準が遵守され，地震
動に対しても粘り強い構造物が実現されて，将来の巨大地震に対して備えるこ

とが望まれる。

12.2 過去に学び，将来に備える

12.2.1 類似点と異なる点の認識

将来の巨大地震による津波に対する効果的な防災・減災のためには，3.11 津波との類似点と異なる点を明確にし，それぞれの視点から考えることが必要である。

2011 年東北地方太平洋沖地震と将来の南海トラフ巨大地震の類似点は，以下の 3 点である。

(1) M9 クラスの地震であり，地震動が大規模かつ影響が広範囲に渡ること（図 12.2）。

(2) 津波に関係する沿岸部の地形は，三陸海岸および仙台平野などと同様に，リアス式海岸（高知・徳島・和歌山・三重の各県）と平野海岸（静岡・大阪・愛知の各府県）であること（写真 12.1）。

(3) リアス式海岸には，道路などの基幹インフラが低密度で沿岸にあること。

一方，南海トラフ巨大地震に固有であり，異なる点は，以下の 3 点である。

(1) 震源域が陸域に近いあるいは直上にあり，その結果，影響する地震動が大きく，津波高が大きく，その襲来時間が短いこと。つまり，3.11 地震の場合，内陸にある東北自動車道，国道 4 号および内陸と海岸部を繋ぐ道路では，本震から離れているため，比較的小さかった地震動による被害はそれほど大きくなく，復旧も早かった。しかし，紀伊半島などの震源域に近い地域は，津波前の地震動による被害が懸念されるので，近畿自動車道紀勢線および内陸に繋がる道路の耐震性の検証と確保が必要である特異性がある。

(2) 震源が近いために，来襲する津波高も高い。また，三陸沿岸部における

12.2 過去に学び，将来に備える 251

(a) 南海トラフ巨大地震：内閣府 20120829

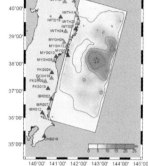
(b) 3.11 東北地方太平洋沖地震
防災科学技術研究所【暫定】

図 12.2　想定震源域および震源過程の比較：ほぼ同一縮尺

写真 12.1　三陸海岸に類似した沿岸地形例：Google earth

　津波の第 1 波の最短の到達時間は本震発生後 30 分程度であったが，南海トラフ巨大地震では，和歌山県などで 5〜10 分とされており，津波に対する危険度は格段に高い（図 12.3）。
(3) 3.11 地震では仙台市が地方中核都市として規模が大きいものの，その都市部は海岸から離れているため，津波による大規模な被害は免れたが，南海トラフ巨大地震に関わる大阪・神戸，名古屋などの大都市部が沿岸部に位置していること。そのため，影響を受ける人口が格段に多いこと，地下街，地下鉄，中高層ビルなどの都市施設が発達していること，軟弱地

252　第 12 章　盛土および津波防災の今後を展望する

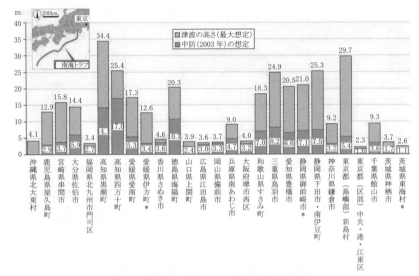

各都道府県の最大波地と原発所在地＊（高知県は 2003 年最高値の四万十町を追加）

図 12.3　想定津波高：内閣府 20120829

盤・ゼロメートル地帯にあること，土地利用が限られることなど，3.11 地震とは異なる環境にある。

(4) 沿岸部に都市化域が多いことから，関係する諸施設が大規模，多種で多数あり，特に，埋立地，石油コンビナートの立地が多く，航行する船舶も多いこと（写真 12.2）。

12.2.2　類似点と異なる点を踏まえた対応

類似点に対する対応は，3.11 地震の教訓を活かすことであるが，以下の 3 点がある。

(1) 地震動が大規模であり，地震の影響範囲が広範囲に渡ることに対しては，3.11 地震でも実効があった広域的な支援体制が挙げられる。そのため，九州，四国，近畿，中部さらには中国，関東に渡る広域での被害発生が

写真 12.2　沿岸部の石油コンビナート例：Google earth

危惧される南海トラフ巨大地震においても，広域防災・広域支援の体制が有効であり，その準備が必要である．

(2) 3.11 地震後の復興戦略では，レベル 2 津波に対して，多重防御と高台移転の基本戦略が出されたが，類似の地形条件がある南海トラフ巨大地震の場合も，同様な視点による取組みが必要である．

(3) 3.11 地震では，道路のくしの歯作戦，日本海側の鉄道網，海路など，交通インフラの広域的かつネットワーク機能により，迅速かつ効果的な支援が行われたが，類似の環境下にある南海トラフ巨大地震の場合も，紀伊半島部のくしの歯作戦など，同様な視点による取組みが必要である．

さらに，南海トラフ巨大地震に固有で，3.11 地震と異なる点に対する対応は，3.11 地震では経験していない未知の対応になるが，特に，近畿圏を想定した場合，以下の 3 点がある．

(1) 大きい地震動に対しては，諸施設の耐震化，軟弱地盤での液状化対策が必要であり，短時間の津波襲来に対しては，GPS 波浪計などの整備に加えて，避難の困難性を補う物理的な津波減勢（浸水深の低減，到達時間の遅延など）のためのハード対策として，避難ビル，避難路だけでなく，レベル 2 津波に対する防潮構造の充実が必要である．

(2) 沿岸部の大都市域に固有な環境に対しては，地下部の浸水対策，交通インフラの緊急時運用法，避難ビルとしての既存建物の活用，液状化対策の強化，既存防潮堤の強化などが必要である。

(3) 沿岸域の多様な環境では，コンビナートの狭域多重防御，漂流物の抑止，火災の発生・延焼の防止・抑止，船舶の管理・運用法などが必要である。

12.2.3 基本的な姿勢と認識

3.11 地震の M9.0 の巨大地震およびそれによる甚大な津波被害は，未曾有，想定外とされたが，この地震を経験した日本国民は，今後，未曾有，想定外の言い逃れは許されない。そのため，この地震・津波の経験を将来の世代に永続的に伝承するとともに，将来危惧される南海トラフ巨大地震などにおいて，将来の世代に同じような悲惨な経験をさせないように，今，我々は何をすべきかを考え，英知を出して備えることが，我々の世代の責務である。

岩手県釜石市には，1933 年の三陸大津波の記念碑がある（写真 12.3）。今回の津波痕も将来に向けて記され，これらの石碑は風雪に耐え，黙して立ち続けるだろうが，我々はその存在を風化させないようにしたい。

また，岩手県普代村に防潮堤がある（写真 12.4）。戦後（1945 年）間もなく村長になった和村幸得氏が，1896 年の明治三陸津波の悲惨な歴史を繰り返さな

写真 12.3　黙して語る津波の碑

写真 12.4　3.11 津波から守った防潮堤

12.2 過去に学び，将来に備える

写真 12.5　被災直後：20110708　　　　写真 12.6　防潮堤の新設：
　　　　　　　　　　　　　　　　　　　　　　　　　　20131130

いとの熱い思いから，県に働きかけて築かれたが，これにより 3.11 津波は物理的に阻止された．すべてがこのような防潮形態を取ることは難しいが，人の為の信念に基づく先取的な英断とそれを受け入れる寛容さが，"時を超えた減災" に繋がる．

　3.11 地震から 5 年が経過し，仙台平野の海岸では，レベル 2 津波に対して粘り強い防潮堤の整備が進み，次第に復興の姿が見えつつある（写真 12.5，12.6）．しかし，被災が広範囲かつ甚大であることから，復興はいまだ道半ばである上に，復興に必要な人手および人材の不足，資機材の不足およびそれらに起因する工事費の上昇など，新たな課題が障害となっている．今後とも，地道，着実にして迅速な取組みが求められる．

　さて，津波で流出した陸前高田市の高田松原にあって，唯一残った「奇跡の 1 本松」は，その後枯死したため，模造により復元され，復興のシンボル松としてある（写真 12.7）．いずれ数十年後には高田松原も津波前と同じように復活するが，陸前高田市の復興の推移，我々の取組みの姿勢を，このシンボルの松は見続けていることを忘れない．また，岩沼市では，地震による爪痕を傍らに，千年希望の丘による備えが着実に進められている（写真 12.8）．さらに，被災現地では，親木が枯れたが，松の若木は自ら次世代を引き継ごうとする逞しさを誇示している（写真 12.9）．

　我々もこれらの松の子孫を残す本能的な姿に倣い，将来の世代のために，着実に復興を遂行するとともに，将来の巨大地震・津波に対して，真摯に向き合うことが求められている．

第 12 章　盛土および津波防災の今後を展望する

写真 12.7　復元された奇跡の一本松：2014.2

写真 12.8　爪痕を残し復興：千年希望の丘 2015.9

(a) 2013.11

(b) 2015.12

写真 12.9　命尽きた親木の根元で若木が成長

あとがき

　本書は，想定外とされた 2011 年東北地方太平洋沖地震による津波被害に学び，将来の南海トラフ巨大地震などに対する減災方法の一つとして，多様な粘り強さを持つ盛土の活用の意義を提起したが，以下により要約できる。

　まず，海岸には津波の脅威があり，高台移転で山地部に逃れたとしても，そこには山津波と呼ばれる土石流，盛土のすべり崩壊といった別な脅威があるので，安全で安心できる生活場所，故郷は，どこなのか，どこにしたらよいのかと迷うことになるが，いずれの場所でも，自然の脅威を謙虚に受け止め，しかるべき備えを行い，心配，憂いを少しでも減ずることが必要である。

　次に，津波により壊滅的な被害を受けた防潮堤は，粘り強さを持たせた高機能な人工構造物として再構築され，それにより海岸は保全されることは確かであるが，他方，盛土は相応の防潮性と防潮堤にない固有な性能を保有しているため，単なる土盛でなく，想像以上に粘り強く，今次の津波でも井土浦地区，浪板地区の盛土は津波の越流に耐えていた事実があり，そこにヒントを見出して，盛土の活用に想いを寄せてきている。

　さらに，これまでの調査・研究により，津波時の盛土は不飽和（ドライ）状態であるが故に，難浸透性により侵食がし難く，粘り強いことが明らかになっており，それを確信し，研究の拠り所，支えとしてきているので，将来において地震，津波が宿命，言いかえれば，定めである我が国において，津波防潮構造として整備し，活用される盛土が，国土を守り続けてほしいと願うものである。

以上の要約を詩にすると，以下の"盛土，守土：国土を守る"になる。

もりど（守土）の歌

2012.12　作詞

山には山の　滑（すべ）りあり
海には海の　津波あり
どこにするのか　ふるさとに
畏れ　備えて　憂いなく

ちから任せの　守りより
秘めたる粘りの　強さから
津波に耐える　その姿
盛土に　深き　わが想い

いとしき盛土　汝（な）は Dry（ドライ）
こころの支え　汝は盛土
さだめの津波は　はてなくも
守れよ　せめて　わが国土

関係者・協力者

　本書の内容に関して，下記の方々が関係し，協力を頂いている。

　ここに，厚く感謝申し上げる。なお所属は当時あるいは現在である。敬称は割愛させていただいた。

谷本隆介：国土交通省

秋田　剛：前田建設工業 (株)

陳　文仲：NIPPO(株)

Rakhmadyah Bayu：IHI

鈴木啓佑：明石市

北川秀彦：大阪大学工学研究科博士前期課程

高橋悠人：大阪大学工学部社会基盤工学科

嶋川純平：大阪大学工学研究科博士前期課程 2 年

植田裕也：　　　　同　　　　　博士前期課程 1 年

湊　文博：　　　　同　　　　　博士前期課程 1 年

青木伸一：　　　　同　　　　　国土開発保全工学領域

荒木進歩：　　　　同　　　　　国土開発保全工学領域

東京理科大学：龍岡文夫，菊池喜昭，他

大槌町：青木利博

同　浪板交流センター館長：野崎勝憲

同　浪板地区代表：台野宏

国土交通省東北地方整備局仙台河川国道事務所　宮田忠明，他

国土交通省東北地方整備局三陸国道事務所　工藤栄吉，永井浩泰，戸嶋守，他

岐阜県河川課：岩崎福久，鈴木猛，他

国土交通省中部地方整備局庄内川河川事務所　近藤貴之，伊藤信也

鉄道技術総合研究所　渡辺健治，他

東日本旅客鉄道 (株)　大塚隆人，鳴海渉，他

東洋建設（株）鳴尾研究所　藤原隆一，小竹康夫

神戸大学大学院　澤田豊

前田工繊（株）　横田善弘，竜田尚希，辻慎一朗，他

建設技術研究所 (株)　小林拓磨

(株) 大林組　森田晃司，川本卓人，他

日鐵住金建材 (株)　平山憲司，鈴木政利，他

岡三リビック (株)　梅林文夫，平原直征，他

新日鐵住金 (株) 和歌山製鐵所　一松栄司

応用地質 (株)　池田善考

協同組合 関西地盤環境研究センター　中山義久，松川尚史

一般財団法人 災害科学研究所　松井保，野口恵司

(社) 近畿建設協会　霜上民生

東北地方太平洋沖地震による津波災害特別調査研究委員会：間瀬肇，重松孝昌，他委員

地盤構造物対津波化研究委員会：菊池喜昭，他委員

ジオテキスタイルによる粘り強い強化防潮堤開発委員会：菊池喜昭，他委員

南海トラフ巨大地震に関する被害予測と防災対策研究委員会：三村衛，飛田哲男，他委員

その他

索　引

【あ～お】

アップサイクルブロック　172
洗堰　126
安政南海地震　214
安全性　249
安息角　65
移動床　170
井土浦地区　48
稲むらの灯　214
命山　238
イベント砂層　86
岩沼海浜緑地　227
ウィープホール　129
ウォータークッション　35
裏のり　24
裏のり高　91
裏のり被覆工　116
H/V スペクトル　191
液状化　183
SI 値　6
越流深　8
越流堤　129
大津波警報　11
大野命山　238
押し波　14
落堀　88
落堀幅　91
表のり　24

【か～こ】

海岸工学　114
海岸護岸　24
海岸線　8
海抜　8

貝ぼた　230
海面低下　18
海陸交流性　102
カイン　6
カゴマット　129
嵩上げ　126
河川工学　114
加速度　5
香良洲高台防災公園　240
間隙空気圧　154
間隙率　152
幾何学平均　202
幾何標準偏差　202
奇跡の 1 本松　242
基礎工　116
狭域多重防御　195
強化防潮堤　122
強震観測網　5
強震動　5
居住型　212
距離減衰　5
切り欠き　118
空間利用性　102
空気圧　117
くしの歯作戦　253
供用性　249
景観性　102
経済性　102
傾斜斜堤　24
継続時間　2
計測震度計　4
計測震度　4
経年劣化　127
減災　98
減勢性　108
限定化　162
広域支援　253

広域多重防御　195
広域防災　253
格子境界壁　203
洪水　125
合成加速度　5
鋼製スラグ　233
構造機能　101
構造機能許容限界　105
抗力　135
抗力係数　136
小段　27
固定床　117
コンビナート　107

【さ～そ】

災害廃棄物　172
最大クラスの津波　97
最大すべり量　2
再堆積　91
最大洗掘深　91
最適含水比　144
3面張り構造　106
三陸大津波　254
CSG　178
GPS波浪計　11
ジオテキスタイル　161
地震断層　2
地震動　183
自然砂丘　64
自然性　102
持続性　108
湿潤状態　125
浸潤線　117
浸潤前線　155
浸透速度　157
浸透飽和度　157
湿地帯　48
地盤改良　118
地盤工学　114
修復性　249

樹木密度　40
浸潤面　116
貞観津波　86
常時微動計測　191
消波ブロック　77
上方細粒化　87
昭和南海地震　214
初期飽和度　154
震央　3
震央距離　5
震源深さ　2
人工基盤　176
震災瓦礫　233
侵食　139
侵食代　165
侵食率　165
浸水深　8
浸水高　8
浸水面積　203
浸透前線　154
浸透前線到達深度　155
震度階級　4
震度　3
震度法　177
水位　154
水衛構造　40
水衛部　33
吸い出し　116
水路越流実験　141
砂浜　68
スペクトル強度　6
すべり破壊制御　176
性能1　249
性能3　249
性能2　249
性能評価　102
洗掘断面積　91
前震　2
仙台東部道路　57
せん断強度　139
千年希望の丘　236

索　引　　　263

想定津波高　235
造波板片押し方式　147
掃流応力　139
掃流力　139
遡上　16
遡上高　8
粗度　116
ソフト対策　98

【た〜と】

第 1 波　11
耐越水堤防　125
耐久性　101
対策レベル　105
堆砂層厚　85
耐侵食性　108
体積含水率　152
高台移転　99
高台型　212
高田松原　242
高盛土　42
蛇行　35
多重防御　99
ダム破壊法　134
遅延効果　203
地殻変動　6
中央防災会議　9
潮位補正　8
長周期　6
直立堤　25
貯水・水道給水式　147
貯水・放流式　148
築山　238
築山型　212
津波　7
津波警報　9
津波減勢性　102
津波祭　216
津波シミュレーション　202
津波堆積土　83

津波高　8
津波注意報　9
津波到達時間　203
津波ハザードマップ　216
津波避難困難区域　191
貞山堀　36
定常流　139
汀線　8
堤防型　212
点検性　102
天端　24
透過率　208
透水係数　144
東北地方太平洋沖地震　1
等流　139
道路土工構造物技術基準　248
土壌水分センサー　144

【な〜の】

内部摩擦角　140
中新田命山　238
浪板地区　48
波返し構造　27
南海トラフ巨大地震　250
難透水性　108
二次元数値波動水路　134
2 線堤　98,198
ニューマーク法　177
ネスティング手法　202
ネットワーク機能　253
粘り強さ　100
粘着力　140
のり先　24
のり尻　24

【は〜ほ】

ハード対策　101
排気管　127
ハイブリッド解析　188
波速　13

波長　　　13
発生頻度の高い津波　　　97
浜口梧陵　　　214
パラペット　　　27
反射波　　　142
ピエゾ水頭　　　117
被害レベル　　　103
東日本大震災　　　1
引き波　　　14
非定常流　　　139
避難　　　98
避難移動開始時間　　　191
避難移動速度　　　191
避難型　　　212
避難不可能時間　　　192
避難余裕時間　　　193
日和山富士　　　226
平野海岸　　　14
広村堤防　　　214
負圧　　　117
普代村　　　254
復旧仕様　　　118
不等流　　　139
不飽和状態　　　125
浮力　　　116
ブロック張り　　　30
噴砂　　　184
平均海面　　　8
平均粒径　　　142
平成の命山　　　239
ヘッドランド　　　74
保安林　　　36
冒険広場　　　42
防潮型　　　212
防潮堤　　　24
防潮盛土　　　108
防潮林　　　36
防波堤　　　21
飽和前線　　　155
飽和度　　　144,151
補修性　　　102

舗装　　　131
ぼた　　　230
掘割構造　　　134
本震　　　2
本堤　　　198
ポンプ循環式　　　147

【ま～も】

マグニチュード　　　1
回り込み　　　76
水叩き　　　127
密度　　　151
湊命山　　　239
宮城県震災復興計画　　　99
無堤区間　　　72
明治三陸津波　　　254

【や～よ】

遊水地　　　129
有堤区間　　　72
揚圧力　　　116
抑制性　　　108
余震　　　3

【ら～ろ】

リアス式海岸　　　14
離岸堤　　　75
陸方細粒化　　　87
粒径加積曲線　　　142
流体力　　　116
レーザ変位計　　　143
レベル1津波　　　98
レベル2津波　　　98

【わ】

和村幸得　　　254

著者プロフィール

常田賢一（ときだ けんいち）

大阪大学大学院工学研究科 地球総合工学専攻
（社会基盤工学部門：地盤工学領域）教授
博士（工学）・技術士（建設部門）・土木学会特別上級技術者（防災）
専門分野：土質・基礎工学／地盤耐震工学

秦 吉弥（はた よしや）

大阪大学大学院工学研究科 地球総合工学専攻
（社会基盤工学部門：地盤工学領域）助教
博士（工学）
専門分野：地震工学・強震動地震学

東日本大震災の津波から学び 粘り強い盛土で減災

2016 年 4 月 5 日　初版第 1 刷発行	著　者　常　田　賢　一
検印省略	秦　　　吉　弥
	発行者　柴　山　斐呂子

〒 102-0082　東京都千代田区一番町 27-2
電話 03（3230）0221（代表）
FAX 03（3262）8247
振替口座　00180-3-36087 番
http://www.rikohtosho.co.jp

発 行 所　**理工図書株式会社**

©2016　常田賢一
Printed in Japan　ISBN978-4-8446-0847-9
印刷・製本：藤原印刷株式会社

＊本書の内容の一部あるいは全部を無断で複写複製（コピー）することは，
法律で認められた場合を除き著作者および出版社の権利の侵害となりますの
でその場合には予め小社あて許諾を求めて下さい。
＊本書のコピー，スキャン，デジタル化等の無断複製は著作権法上の例外を
除き禁じられています。本書を代行業者等の第三者に依頼してスキャンやデ
ジタル化することは，たとえ個人や家庭内の利用でも著作権法違反です。

★自然科学書協会会員★工学書協会会員★土木・建築書協会会員